Adolph Eduard Grube

Mitteilungen über St. Vaast-la-Hougue und seine Meeres

besonders seine Annelidenfauna

Adolph Eduard Grube

Mitteilungen über St. Vaast-la-Hougue und seine Meeres
besonders seine Annelidenfauna

ISBN/EAN: 9783743442580

Hergestellt in Europa, USA, Kanada, Australien, Japan

Cover: Foto ©berggeist007 / pixelio.de

Manufactured and distributed by brebook publishing software
(www.brebook.com)

Adolph Eduard Grube

Mitteilungen über St. Vaast-la-Hougue und seine Meeres

Mittheilungen

über

St. Vaast-la-Hougue und seine Meeres-, besonders seine Annelidenfauna,

von

Professor Dr. Eduard Grube.

Nachdem ich eine Reihe von Jahren meine Aufmerksamkeit hauptsächlich auf das Adriatische und Mittelmeer gerichtet und dorthin auch meine zoologischen Ausflüge unternommen hatte, war es mir ein dringendes Bedürfniss geworden, eine oceanische Küste in eingehenderer Weise kennen zu lernen. Kanal und Nordsee waren mir nicht fremd, ich hatte Hâvre, Dieppe und New-Brighton bei Liverpool besucht, aber alle diese Orte nur in spärlich zugemessenen Fristen. Eine unter dem aufregendsten Zahnschmerz qualvoll verlebte Woche in Hâvre hatte nur gerade zur anatomischen Untersuchung der *Arenicolen* ausgereicht, viele Jahre später sollte dann in Dieppe das Versäumte nachgeholt und die Bewohnerschaft der Strandregion ausgebeutet werden, allein mir war für diesen Ort von meinem Urlaub noch weniger Zeit als damals übrig geblieben und der durch die Ebbe entblösste Kreideboden war wenig geeignet, eine einigermaassen befriedigende Ausbeute zu liefern. Von dem für England bestimmten September 1865 endlich konnte ich nach dem Besuch der so interessanten Naturforscher-Versammlung in Birmingham bloss drittehalb Tage für New-Brighton verwenden. Die eben so freundliche als thätige Unterstützung, die mir von Seiten des Directors des zoologischen Museums in Liverpool, Herrn Thomas J. Moore, zu Theil wurde, und die Möglichkeit, mich seiner Schleppnetze zu bedienen, stellte mir hier den Vortheil dieser Benutzung so entschieden vor Augen, dass ich mit Hintansetzung von Strandexcursionen fast nur auf dem Meere kreuzte und aus seiner Tiefe zu Tage förderte, was sich nur erreichen liess. Entfaltete sich hier auch kein sehr mannigfaches Thierleben, so reichte es doch vollkommen hin, den grossen Unterschied von der Mittelmeerfauna einzusehen, der sich theils in den der letzteren fremden Formen, theils in der numerisch so ungleichen Vertheilung mancher beiden gemeinsamen Arten aussprach. Es handelte sich also nun darum, mit grösserer Musse der Thierwelt,

1

welche durch das zurückweichende Meer zugänglich wird, nachzuspüren, und die hier zu hebenden Schätze einer an der Adria so unbedeutenden und armen Zone auszubeuten.

Da ich erst im September 1867 an die Ausführung dieses Vorhabens gehen konnte, war es wenig räthlich, eine nördliche Küste zu wählen, ich richtete vielmehr meinen Blick sogleich auf Frankreich und schwankte nur zwischen St. Malo, Granville und St. Vaast-la-Hougue. Durch Keferstein's und Claparède's Forschungen schon für St. Vaast eingenommen, entschied ich mich, nachdem ich in Paris auch die Herren Milne Edwards, Quatrefages und Lacaze-Duthiers zu Rathe gezogen, schliesslich für das letztere, da es selbst bei schwacher Ebbe immer noch einige Ausbeute gewähre. Ein dreitägiger Aufenthalt in Paris reichte gerade hin, die nothwendigsten Besuche zu machen und mich mit allem zu versorgen, was für meinen Zweck erforderlich war: mit einer genauen Küstenkarte, dem *Annuaire des marées*, einer grossen Blechkapsel zum Unterbringen von Tangen, grösseren Radiaten, Gesteinstücken und dergl., mit verschiedenen Gläsern und vor allem mit hohen Wasserstiefeln, welche ich aus dem Magazin *Herbet (rue de l'arbre Sec. 35)* von so ausgezeichneter Arbeit erhielt, dass sie bei täglichem Gebrauch bis zum letzten Tage ihre Bestimmung vollständig erfüllten. Für die unter der Leitung *Beautemps-Beaupré's* ausgeführten Küstenkarten giebt es eine eigene Handlung von *Robiquets, Libraire hydrographe (Quai des Orfèvres 6)*. Was aber die Gläser angeht, so hatte ich vielleicht nicht die beste Quelle entdeckt, denn so zweckmässig die zu den Excursionen selbst dienenden cylindrischen waren, fand ich doch die zum Verpacken der Sammlungen bestimmten nicht so preiswürdig als bei uns, namentlich die dem Händler überlassene Auswahl der Korken nichts weniger als sorgfältig.

So ausgerüstet, doch freilich ohne die Industrie-Ausstellung betreten zu haben, die damals in Paris alle Welt zumeist anzog, verliess ich am 1. September 1867 gegen 8 Uhr Abends die Capitale und erreichte am andern Morgen gegen 7 Uhr Valognes, die Eisenbahnstation, von welcher man nach St. Vaast abbiegt. Eine angeblich für 9 Personen eingerichtete, sehr enge, aber für alles Gepäck ausreichende Diligence stand schon bereit und führte mich durch eine angenehme, wohlangebaute und baumreiche Gegend in zwei Stunden an den Ort meiner Bestimmung. Ohne erst ein Gasthaus aufzusuchen, begab ich mich sogleich zu Herrn Levéque, von dem ich hoffen konnte, dass er mich bei sich aufnehmen würde. Sein Haus ist den Naturforschern, die St. Vaast besuchen, so empfohlen, wie früher die *Locanda grande* in Triest: fast alle, die hier gesammelt und gearbeitet, haben bei ihm gewohnt und sind zufrieden davon gezogen. Herr Levéque ist Cafétier und Epicier, Besitzer eines ganz nahe seinem Gewölbe befindlichen Hauses, dessen Lage nichts zu wünschen übrig lässt, und in dem ich sogleich zwei Zimmer beziehen konnte.

Unmittelbar am Hafen, geniesst man die Aussicht auf sein Treiben und auf die vor ihm sich hinstreckende Insel Tatihou mit ihrem alterthümlichen Castell, auf die Austernparks, und darüber hinaus auf das offene Meer, alles, was man zu überblicken nur verlangen kann. Die Bedienung ungerechnet, die freilich, abgesehen von der täglichen Zurichtung des Schlafzimmers und der Säuberung der Kleider, für besondere Leistungen erst aus dem Café herbeigeholt werden musste, hatte ich für den Monat 50 Fres. zu zahlen; in der eigentlichen Badesaison dürfte sich der Preis wohl höher stellen.

Die Küste von St. Vaast-la-Hougue erstreckt sich in grader Richtung von Norden nach Süden, auf flachem granitischem Boden, wohl eine halbe Meile lang, ehe sie im Norden einen Bogen gegen Osten nach Reville macht; am Südende der Stadt läuft unter rechtem Winkel ein kurzer Molo (Jetée) in's Meer und trägt an seinem Ende einen kleinen Leuchtthurm, während sich das Gestade über die Stadt hinaus nach Süden als eine schmale, durch einen mächtigen Damm gegen das offene Meer im Osten geschützte Landzunge bis zu dem alten Fort la-Hougue fortsetzt. Westlich von diesem Damme breitet sich eine ansehnliche aber flache Meeresbucht aus, deren gegenüberliegende, mit freundlichen Ortschaften bedeckte Küste sich gegen Ost allmählich hebt und wie das übrige Land etwa eine Stunde vom offenen Meer mit einer niedrigen Bergkette abschliesst. Nahe vor dem Fort, am offenen Meere, bezeichnet eine Reihe von etwa 20 kleinen Holzhütten die Badestelle, welche sich in 10 Minuten erreichen lässt, ein sehr bequemer, zwar ganz schattenloser aber durch die erfrischende Luft vom Meere angenehmer Weg, auf welchem mich immer die zarten rosarothen Bläthen der Tamarindenbüsche ergötzten.

St. Vaast ist ein freundliches Provinzial-Städtchen, in welchem noch der *Tombour de la ville* die öffentlichen Ankündigungen vermittelt, ein offener Ort mit meist niedrigen Häusern, kaum eines, welches nicht die Masten seiner Schiffe weit überragten, aber alle von Stein mit den der Normandie so eigenthümlichen Dachwölbungen, unter denen, hin und wieder auch wohl von wuchernden Farrenkraut eingefasst, die oberen Fenster hervorgucken; alle Häuser sauber gehalten, ohne Zierrath, aber nicht plump oder ungefällig, wenn auch an Grösse oft sehr wechselnd, die schmalen Schornsteine an die beiden Enden des Hauses vertheilt. So zu Strassen geordnet, die aber meist schmal und selten weit ganz gerade und gleichmässig fortlaufen, oft von kleinen Höfen umgeben oder doch mit einem Baum- oder Blumenplätzchen in irgend einer bei schräger Front einspringenden Ecke, bieten die Häuser von St. Vaast ein bloss in seiner Farbe eintöniges Einerlei. In jedem Hause glaubt man den Charakter und die Bedürfnisse seines Erbauers zu erblicken, und wenn es zu spät war, um noch in's Freie zu gehen, hat es mich immer angezogen, durch diese Gässchen zu wandeln und zu beobachten, wie viel Abwei-

chendes sie von unseren Provinzialstädten darbieten. St. Vaast hat nur
eine Hauptstrasse, „la grande rue", diejenige, die in gerader Richtung
nach dem benachbarten Quettehou führt und die grösseren Kaufläden
enthält, die übrigen Strassen, ausser der „jolie rue" sind namenlos, während die Quai's und Plätze durch ihre Bezeichnung auf die Geschichte
Frankreichs hinweisen. Die öffentlichen Gebäude sind nicht eben die
stattlichsten, selbst die Mairie ist nur ein bescheidenes Haus von drei
Fenstern Front, und die Post, die statt des stolzen Adlers auf blendend
weissem Grunde, durch den sie bei uns auch in dem kleinsten Städtchen
sich schon von Weitem ankündigt, auf einer schlichten Holztafel die einfache Inschrift Poste aux lettres trug, war vollends unscheinbar; man musste,
um einen Brief zu empfangen, an eine hölzerne Lade klopfen und blickte
dann in das freundliche Gesicht einer Postmeisterin, die Alles selbst
expedirte, wie denn überhaupt in Frankreich die Frauen so vielen
Geschäften vorstehen, für die man bei uns nur Männer anstellt. Um
so massiger tritt unter allen diesen kleinen Wohnungen die Stadt-
kirche hervor, ein erst vor 8 Jahren aufgeführter gothischer Bau, dessen
Inneres aber nur nothdürftig hergestellt ist, und zu dessen Vollendung
für jetzt die Mittel fehlen. Bei der Menge von Debitants de boisson und
Epiciers, die man hier antrifft, muss es dem Deutschen auffallen, dass er
in einem Ort von 4000 oder gar 5000 Einwohnern, dazu einem Hafenort,
in dem die Gewohnheit des Rauchens sehr verbreitet ist, nicht mehr als
zwei Debits de tabac findet, allein die Erlaubniss, einen solchen Debit zu
errichten, hängt nur von der Regierung ab, und sie geht mit dieser Be-
vorzugung sehr sparsam um; wogegen die Errichtung von Apotheken der
Concurrenz freigegeben ist. So kommt es denn, dass in St. Vaast, das
nur einen Arzt besitzt, zwei Pharmacieen nebeneinander bestehen, beide
wie es scheint mit kümmerlicher Existenz. Was übrigens die Epiciers
betrifft, so beschränken sie sich durchaus nicht auf die Artikel unserer
Gewürzkrämer, sondern führen auch Eisen- und Messing-, Glas- und Por-
cellanwaaren, so dass ich bei dem bald sich einstellenden Bedürfniss von
Gläsern und Gefässen, ausser bei den Apothekern, oftmals auch bei
ihnen Rath fand.

Füge ich zu diesen Angaben noch die Notiz, dass St. Vaast nur zwei
Gasthäuser besitzt, von denen das von Reisenden besseren Standes besuchte Hôtel de France nur 9 Gastzimmer enthält, so wird man sogleich entnehmen, dass hier der Verkehr kein sehr bedeutender sein
muss, und dass auch das hiesige Badeleben in keiner Weise etwa mit
dem Treiben in Boulogne oder Dieppe verglichen werden kann, in welchem das englische Element eine so hervorragende Rolle spielt. Nach
St. Vaast und den benachbarten Küstenorten begeben sich wohl hauptsächlich nur Bewohner der Provinz, und in diesem Herbst klagte man
allgemein, dass auch diese sich nur spärlich eingestellt hätten und ver-

wünschte die grosse Ausstellung, die Alles nach Paris zöge. Welch' ein, Unterschied zwischen seinem alle Sinne fesselnden, sich rastlos überbietenden Treiben und diesem Stillleben, in dem man bei gleich rastloser Arbeit so wenig Bedürfniss nach Abwechselung und Zerstreuung kennt, und die Familie ihre Glieder noch so fest vereinigt! Wer nach dem Raffinement und den Extravaganzen des Pariser Treibens die Franzosen zu beurtheilen geneigt ist, der müsste zum Wenigsten einige Tage in einem Provinzialstädtchen der Normandie zubringen, um seine Anschauungen zu ergänzen und das Volk von einer ganz anderen Seite kennen zu lernen. Bei aller Lebhaftigkeit und Heiterkeit der hiesigen Bevölkerung spricht sich doch ein gewisser ehrbarer Ernst aus, wie ihn auch die Tracht der Frauen bekundet. Man liebt den Gesang, und am Sonntagsabend habe ich oft unter Chorgesang ganze Colonnen vom Lande zurückkehren sehen, aber der Tanz ist unbekannt.

Der überseeische Verkehr der Stadt scheint kein weit ausgedehnter, und beschränkt sich wohl hauptsächlich auf England. Die Mehrzahl der im Hafen befindlichen Schiffe war von geringerer Grösse und wie so Vieles, was ich hier sah, eigenthümlich. Es sind sogenannte *Bisquines,* Fahrzeuge von etwa 50 Tonneaux, gegen 50 Fuss lang und doch mit 3 Masten versehen, von denen zwei an den äussersten Enden stehen; der mittlere ist der höchste, der hintere der kleinste von ihnen, ein Bugspriet fehlt gänzlich. Neben ihnen bemerkt man viele Austernboote; grössere Schiffe, wie Briggs und Schooner, sah ich wenige; ein stattliches Barkschiff lag gerade vor meinen Fenstern, es war vor Kurzem aus den ostasiatischen Gewässern heimgekehrt und sollte jetzt nach Brasilien befrachtet werden. Bei den Reparaturen und auch dem Neubau von Schiffen, für welchen eine Reihe von Uferplätzen an der oben erwähnten Meeresbucht dient, ist eine ansehnliche Zahl von Leuten beschäftigt. Allein der wichtigste Erwerbszweig für St. Vaast und derjenige, der mein Interesse am meisten in Anspruch nahm, sind die Austernparks, welche zu den umfangreichsten aller französischen Küsten gehören. Diese Anlagen, welche zum Aufbewahren und zur Pflege der von den Fischern herbeigebrachten Austern dienen, erstrecken sich zwischen dem Uferdamme, der von der Stadt nach Norden läuft, und der ihm gegenüberliegenden Insel Tatihou und nehmen nach meiner Schätzung eine Länge von etwa $\frac{1}{7}$ Meile und eine Breite von etwa 900 Schritt ein. Diese Fläche ist durch niedrige Steinwälle in mehr oder minder rechteckige Felder getheilt, welche von einem breiten, zur Zeit der Ebbe nach Tatihou führenden Wege durchschnitten werden. In diesen Feldern, deren Zahl sich nach den mir gemachten Angaben auf 300 beläuft, liegen die Austern in einer dünnen Schicht auf niedrigen, parallelen Querrücken, deren Zwischenräume den Arbeitern einen leichten Zugang gewähren. Alle diese Felder werden von der Fluth mehrere Fuss hoch unter Wasser gesetzt, aber zur Zeit

der Ebbe, je nachdem sich der Boden etwas hebt oder senkt, die einen
ganz, andere theilweise, noch andere gar nicht bloss gelegt. Wenn der
Seemann auf den Eintritt der Fluth angewiesen ist, um in den Hafen ein-
laufen oder ihn verlassen zu können, warten tausend andere Leute auf
das Zurückweichen der Wellen, damit sie ihre Arbeit in den Austernparks beginnen. Dann entfaltet sich auf dieser ganzen bis dahin vom
Meere bedeckten Fläche ein reges Leben. Sobald nur die Steinwälle der Parks emportauchen, setzt sich schon eine Reihe von hoch-
räderigen Karren von der Stadt in Bewegung und zieht auf der noch
von Wasser bedeckten Strasse dahin, und bald folgen ganze Trupps von
Männern, Frauen und Kindern, mit langen Rechen bewaffnet, auf hohen,
innen mit Stroh ausgekleideten Holzschuhen und vertheilt sich zwischen
die einzelnen Felder, um ihre Arbeit zu beginnen, die darin besteht, die
Austern umzuwenden, zu reinigen und die todten zu entfernen, deren
Schalen, in ganzen Haufen aufgethürmt, Zeugniss ablegen, wie viel hier,
ehe es noch in den Handel gebracht wird, zu Grunde geht. Die Karren
holen die Austern ab oder bringen diejenigen, welche von den Fischern
aus dem hohen Meer gewonnen und diesseits der Parks nahe der Stadt
abgeladen sind, den Arbeitern zur Vertheilung in die Parkfelder. Die
meisten der hier beschäftigten Personen waren Frauen und Kinder; der
höchste Tagelohn, für zwei Ebbezeiten berechnet, ist für Männer $2\frac{1}{2}$
Francs, Frauen pflegen etwas weniger zu bekommen und Kinder verdienen sich 15 bis 20 Sous. Zur Ueberwachung der Arbeiten wie der
Parks selber sind 4 *gardes des parcs* angestellt, deren jeder 600 Francs
erhält. Die Austernbänke selbst liegen ziemlich entfernt von St. Vaast,
und die einmastigen Austernbote gehen wohl 30 *Lieues* hinaus, die Bisquines sogar bis in die Nähe der Englischen Küste. Zum Heraufbringen
der Muscheln dienen Schleppnetze mit eisernem Gestelle (*Dragues*) und
die Tiefe, in der dieselben arbeiten, soll bis 140 Fuss gehen. Die Fischer
bleiben meist 5 bis 6 Tage weg und laden ihren Fang zwischen der
Stadt und den Parks aus, wo sie dann die Händler in Empfang nehmen.
Als ich zu dieser Zeit den Strand besuchte, waren eben von einem Fahrzeug 8 Tausend Austern heimgebracht, ein nur geringer Jagdertrag: denn
ist das Glück günstig, so erbeutet ein Fahrzeug 10,000, ja 20,000 und
mehr Austern. Die Pariser Restaurants nehmen für das Dutzend Austern
1 Franc, und hier — wird das ganze Mille mit 40 Francs bezahlt, mit
8 Francs mehr als in England, woher auch die an der Englischen Küste
gefischten Muscheln lieber hierher als dorthin verkauft werden. Auch ist
dieser ganze Erwerbszweig keinesweges ausschliesslich in den Händen
der Franzosen, vielmehr bereiten ihnen die Engländer eine gefährliche
Concurrenz, da sie, wie ich von vielen Seiten hörte, mit besserem Er-
folge arbeiten.

Aus den Parks kommen die Austern nicht direct in den Handel,

sondern wandern demnächst in kleinere, in den Etablissements der Gross-
händler in der Stadt selbst angelegte, mit Seewasser gefüllte Reservoire,
nachdem sie ihrer Grösse nach sortirt sind, ein Geschäft, das mit grosser
Schnelligkeit von Frauen ausgeführt wird. Die Versendung selbst geschieht
in grossen Körben, durch die Bahnzüge, die von Cherbourg über Valogne täglich zweimal nach Paris gehen; bis Valogne werden die Austern
zum Theil mit derselben Diligence transportirt, die die Passagiere dorthin befördert, wobei letztere insofern oftmals beeinträchtigt werden, als
bei dem kurzen Aufenthalte in Valognes die Ablieferung der Austern vor
Allem besorgt wird: da helfen rüstige Arme genug, während um das
Gepäck des Reisenden oft sich Niemand kümmert und dieser selbst seinen
Packträger spielen muss. Uebrigens ist der Grosshandel mit dieser so
gesuchten Waare nur in den Händen weniger Personen, unter denen jetzt
die Gebrüder Leguai die erste Stelle einnehmen; drei andere sehr bedeutende Händler hatten in jüngster Zeit ihr Geschäft einstellen müssen.

Die Hoffnung, die man wohl hegen konnte, mancherlei von der
Thierwelt des Meeres in den Austernparks selbst zu sammeln, schwand,
nachdem ich alle Einrichtungen kennen gelernt; diese Plätze waren
viel zu besucht und die Muscheln selbst zu wenig der Ruhe überlassen,
als dass man dort mit Erfolg suchen dürfte; auch war es nicht gestattet,
mit irgend einem zerstörenden Werkzeug dort zu arbeiten. Ich machte
mich an die frisch gefischten und in Haufen aufgestapelten Austern, die, ehe
sie in die Parks vertheilt wurden, einige Stunden dort zu liegen pflegten
und zugänglich waren; allein auch an ihnen zeigte sich in diesem trockenen
Zustande so wenig Interessantes, dass mir die darauf verwandte Zeit zu
theuer schien und ich den Versuch nicht wiederholen mochte. Man hätte
einige Becken mit Meerwasser zur Hand haben müssen, um die Muscheln
einige Zeit darin liegen zu lassen und Acht zu geben, was sich von
kleinen belebten Wesen von den Schalen und anhängenden Körpern los-
machen und darin herumschwimmen würde. Den Austernfischern selbst
endlich liess ich Geld versprechen, wenn sie mir die mit den Muscheln
heraufgezogenen Thiere mitbringen würden; allein, mochte es nun daran
liegen, dass ihnen mein Auftrag nicht gehörig bestellt wurde, oder dass
während meines Aufenthalts dieselben nicht so zahlreich als sonst ein-
trafen: auch dies Mittel blieb erfolglos und ich machte in dieser Hinsicht
dieselbe Erfahrung, wie in Triest; es passt das den Leuten nicht in ihren
Kram, und sie sind froh, wenn sie die in ihr Gewerbe nicht eingreifenden
Gegenstände des Meeresbodens und den Schmutz desselben wieder über
Bord geworfen haben.

Ich meinte endlich, dass mir der Fischmarkt eines und das andere von
wirbellosen Thieren liefern würde, der Fischmarkt, auf dem man in Triest
sogar *Chaetopteren* antrifft, der mancherlei *Crustaceen*, Schalthiere und *Echinodermen* nicht zu gedenken. Allein der Fischmarkt in Triest ist eine Aus-

stellung einer grossen Stadt, zu der Meilen weit entfernte Ortschaften ihr
Contingent stellen: daran war hier nicht zu denken.

Der Fischverkauf ist in St. Vaast ein schnell vorübergehendes Geschäft; nie baut sich auch nur für einige Stunden eine kleine Zahl von
Tischen auf, auf denen man den Fang feilböte, sondern sobald eine be-
ladene Fischerbarke in den Hafen läuft, sammeln sich schon die Käufer
an: die Fische werden in Körben herbei gebracht, wenn sie grösser
sind, einzeln oder zu je 2 oder 3 Stück, oder in kleinen Partieen auf
einen Tisch gelegt, ausgerufen und an den Meistbietenden verkauft. Dies
wiederholt sich zu verschiedenen Malen während eines Tages und nach
einer halben Stunde ist alles beendigt. Die Fische, die während meines
Aufenthalts auf den Markt kamen, waren hauptsächlich: Bars *(Labrax
lupus)*, Surmulets *(Mullus surmuletus)*, Rougets *(Trigla pini Bl.)*, Epi-
noches *(Gasterosteus aculeatus)*, Lançons *(Ammodytes Tobianus)*, Soles
(Solea vulgaris), Barbues *(Rhombus vulgaris)*, Merlangs *(Merlangus
merlangus)*, Colins *(Merlangus pollachius)*, Loches *(Motella vulgaris)*,
Brèmes *(Cantharus centrodontus)*, Mulets *(Mugil capito)* und Congres
(Conger conger). An Fischen fehlt es fast nie, wie unsere Wirthstafel im
Hôtel de France bezeugte, und ich hätte reichlich Gelegenheit gehabt,
die äusseren und inneren Parasiten dieser Thiere zu untersuchen, allein
da ich mir zur Hauptaufgabe gestellt hatte, die Verhältnisse und das
Thierleben der Ebberegion zu studiren, und diese meine ganze Thätigkeit
im vollsten Maasse in Anspruch nahm, so musste ich jenes Gebiet unbe-
nutzt lassen.

Ich gestehe, dass ich nicht eben mit den grössten Erwartungen nach
St. Vaast gekommen war: namentlich hatte ich bei so vorgeschrittener
Jahreszeit auf keine besondere Begünstigung von Seiten der Witterung
gerechnet. Quatrefages lebensvolle Schilderung von seinem Aufenthalt
auf den Chausey-Inseln mit ihrem regnerischen Klima stand mir vor
Allem anderen vor Augen, und hatte bei mir unwillkürlich alle Beschrei-
bungen der übrigen von ihm besuchten Localitäten in den Hintergrund
gedrängt, ich tröstete mich nur damit, dass ich bei allen eintretenden
Behinderungen nicht wie er als Einsiedler, sondern in einer Stadt leben,
zum wenigsten durch ihren Fischmarkt immer einige Beschäftigung finden
und eine oder die andere Persönlichkeit antreffen würde, die sich für die
Thierwelt interessirte. Das letztere in meinem Sinn genommen traf nun
durchaus nicht ein: Hunderte zwar von Proletariern stellten ihr nach,
aber natürlich nur, um ihren Hunger zu stillen; einen gebildeteren
Menschen, mit dem ich mich darüber unterhalten oder von dem ich lernen
konnte, einen Sammler oder Liebhaber dieser Studien gab es nicht und
auch für Cherbourg wusste man mir keinen zu nennen, obschon dort die
Société impériale des sciences naturelles bei längerem Aufenthalt wohl
manchen Anschluss gewährt hätte.

Ich wollte es mit einem Fischer versuchen, der meine Wirthin zu versorgen pflegte und benutzte sogleich den ersten Nachmittag, um mit ihm, der seine Angelschnüre auswerfen wollte, nach der Insel Tatihou zu fahren, und beim Suchen seine Hülfe in etwas zu benutzen, aber wir kamen viel zu spät an Ort und Stelle. Er war zwar redlich bemüht, Steine umzuwälzen, wir fanden auch sehr bald eine jener prächtigen und grossen Actinien (*Actinia crassicornis Müll*), die dem Mittelmeer fehlen, dann die dort so häufige *Actinia cereus Phallusia scabra Müll, Acera bullata Müll, Nereis margaritacea, Asteracanthion rubens* und einige Krabben, allein der Mann war augenscheinlich für meine Zwecke wenig geeignet; ihm lagen seine eigenen Angelegenheiten vor Allem am Herzen und ich musste mir einen anderen Lehrmeister suchen. Ich fand ihn Tags darauf an einer alten Fischerin Marie, die ich auf ihrer Jagd nach Würmern begleitete, ein spärlicher Nahrungszweig, dem aber viele Frauen hier nachgehen. Dabei lernte ich zugleich ein Werkzeug kennen, das mir an den Küsten des Mittelmeers nie vorgekommen war, sehr natürlich, weil dort die Ebbe viel zu unbedeutend ist, um irgendwie in Betracht gezogen zu werden. Hier aber, wo grosse Flächen schlammigen Sandes durch sie frei gelegt werden, bieten diese eine reiche Ausbeute, und es giebt nichts zweckmässigeres, sich dieselbe zu verschaffen, als das Symbol des Poseidon selbst, den Dreizack (*la fourche*), eine eiserne Gabel an einem starken etwa 2½ Fuss langen Stiel: die Zinken sind platt, gegen 8 Zoll lang, um das Doppelte ihrer Dicke auseinanderstehend und wenig spitzig. Jedem Laien fallen auf diesen Plages Häufchen von wurmartig verschlungenen Sandschnüren in unzähliger Menge auf: es sind die Excremente der *Arenicola piscatorum*, einer Annelide, die im Mittelmeer zwar vorkommt aber nur spärlich. Hier findet sie ihre wahre Heimath, man kann sie mit Recht den Regenwurm des Meerbodens nennen: in ihn bohrt sie ihre langen, senkrechten Gänge, in die sie sich zur Zeit der Ebbe zurückzieht, so dass der erste, zweite, dritte Stich der Gabel noch nichts zu Tage fördert, dann aber kommen mit jedem weiteren grosse Massen heraus. Diese schmutzig-grün- oder schwarzbraunen Würmer mit ihren blutrothen Kiemenbüscheln, unter dem Namen *Vers* allen Fischern bekannt, erreichen eine Länge von 8 bis 10 Zoll und am vorderen Theil die Dicke eines kleinen Fingers und werden so eifrig gesucht, weil sie den Hauptköder für die Angelschnüre abgeben. Wo der Boden mehr schwarz und modrig ist, hausen *Cirratulus borealis Lam.* und *Lamarckii Aud. u. Edw.*, die den Arenicolen an Grösse merklich nachstehen. Man findet sie meistens ganz zusammengeknäult und in ihre über die ganze Länge des Körpers vertheilten, fadenförmigen Kiemen eingewickelt, an Farbe wechselnd, bald fast schwarz, bald fast olivenfarbig oder goldgelb; doch muss man sie in reines Wasser legen und säubern, um diese Unterschiede des Contrastes und Spieles der blutrothen, sich unaufhörlich schlängelnden

Kiemen gewahr zu werden. Einen dritten Bewohner des Meeresbodens, den uns der Dreizack verschaffte, waren ganz bleiche und meist gestreckte *Phascolosomen* und zwar *Ph. elongatum Kef.*; einzelne Exemplare von bedeutender Länge, bei ausgestrecktem Rüssel bis 64 mill. Alle diese Thiere erbeuteten wir schon in dem Bereich des Hafens, der zur Ebbezeit fast ganz wasserleer wird, so dass sämmtliche Schiffe auf dem Trocknen liegen.

Tags darauf setzte ich diese Art der Jagd mit verstärkten Kräften und zwar ausserhalb des Hafens, doch nahe demselben fort. Die Alte hatte sich ihre Nichte, eine kräftige Fischerfrau, zur Hülfe geholt und obwohl mir der Boden nur etwas schlammiger schien, erbeuteten wir doch ausser den eben beschriebenen Anneliden schon andere, mir nur aus den Studien von Museen bekannte: die fleischfarben perlgraue, farbenspielende *Nephtys margaritacea Johnst.* (*Nereis cocca Fabr.*) und die *Nerine joliosa Sars*, letztere freilich nur in Bruchstücken, ausserdem drei *Nereis*, *N. margaritacea Leach*, *N. diversicolor Müll.* und *N. regia Qf.*, eine blassfleischfarbige Art, mit bläulichgrün glänzendem Rücken, auffallend durch das spärliche Pigment ihrer Augen und den Mangel fast aller hornigen Rüsselspitzchen. Quatrefages hat diese Art in Boulogne gesammelt. Auch ein hinteres Bruchstück eines *Clymene*-artigen Thieres fand sich, sogleich kenntlich an dem schaufelartigen Ende, in das der Leib ausläuft, doch unzureichend zur näheren Bestimmung. Der *Nephthys* thut es, ausser der *Nereis regia*, keine an Grösse gleich; ein Exemplar erreichte eine Länge von 8½ Zoll; im Verhältniss dazu waren die Nephtysarten des Mittelmeers nur schwächliche Geschöpfe. Diese Wurmart scheint auch bei den Fischern in einigem Ansehen zu stehen, insofern sie dieselbe durch einen besonderen Namen (*Carpilleuses*) auszeichnen, während mir die Frauen für alle andern keine Namen in ihrer Sprache anzugeben wussten.

Inzwischen war meine erste Neugier bei dieser Art von Jagd befriedigt und ich ging an die Durchsuchung des Felsbodens. Das ganze Gestade hier besteht aus Granit, hin und wieder aus Gneis, und senkt sich so allmählich und gleichmässig, dass man sich durchweg auf einer Ebene bewegt, aus der nur niedrige Klippen hervorragen, der Sand, der aus der Zerstörung jener Felsarten entsteht, lagert sich in grösseren Flächen nur gegen das Ufer hin ab, zuweilen an manchen Stellen in ansehnlicher Erstreckung, so in dem durch Vorbaue geschützten Hafen und längs dem Ufer in der Bucht gegen Reville hin, in welche ein kleiner Fluss mündet, wo er, wie im Hafen, oft so mit Schlamm gemischt wird, dass man tief darin einsinkt: an dem Badeplatz von St. Vaast fehlt letzterer jedoch gänzlich. Man kann sich keine für diesen Zweck günstigere Localität denken, ein durchaus fester, ebener Sandboden, ohne Dünenbildung, ohne Vertiefungen, die den Badenden unangenehm überraschen könnten; wogegen gleich dahinter, um das Castell la Hougue die Klippen zahlreich werden und sich steiler aufrichten. Wo der Felsboden zu Tage tritt, ist er zum Theil mit Felsblöcken bedeckt, bald mässigen, die man mit einiger Mühe heben kann, bald so ansehnlichen, dass sich auch die Kraft von zwei Personen daran vergeblich versucht, und doch ist gerade die seltenere Beute mit Sicherheit unter denen zu vermuthen, die den besseren Schutz gewähren. Klippen wie Felsblöcke sind mit einem dichten Ueberzug von Tang bekleidet, wie verschieden von den scharfrandigen, Klippenkämmen, die an den Kalkgestaden von Porto ré, Cherso und Lussin piccolo hervorragen und kaum dem Fuss länger zu ruhen erlauben!

Mit meiner Ankunft in St. Vaast war gerade die Zeit des *morte mer*, der kleinen Ebbe, eingetreten, die Periode, welche den Tagen des Voll- und Neumondes, den Tagen der höchsten Fluth und tiefsten Ebbe folgt, und mit aus diesem Grunde hatte ich zunächst mit dem Ausbeuten des Sandbodens begonnen. Auch jetzt noch war die Strecke, in welcher das Meer zurücktrat, verhältnissmässig klein, und doch welch ein Treiben und Schaffen auf diesem Lande für sechs Stunden! Dort bewegten sich schwerfällig hochräderige, mit 2 oder 3 Pferden bespannte Karren, hier eilenden Schrittes hoch aufgeschürzte Frauen mit Stangen-Netzen, dem zurückweichenden Meer nachziehend, und dort in gebeugter Stellung sah man schon halberwachsene Knaben auf den Klippen mit Suchen beschäftigt, während Männer mit Körben und kleinen eisernen Haken erst von fern heranzogen. Die Karren sind für das Aufladen des schlammigen Sandes bestimmt, der als Düngungsmaterial auf die Aecker wandern soll. Wenn man erwägt, wie viele fein zertheilte organische Körper diesen Schlamm bilden, und wie viel tausende von lebenden *Arenicolen* und anderen Würmern mit auf diese Wanderung gehen, so lässt sich ermessen, wie kräftig er auf die Vegetation der Felder wirken und von welcher Bedeutung er für diese ganze Gegend sein muss, ein Material, das unaufhörlich in solchen Massen entsteht, bei jeder Ebbe geholt werden kann und bei dem nur die Kosten des Transportes in Rechnung kommen. Einen zweiten, nicht minder geschätzten Dungstoff liefert die enorme *Fucus*-Decke der Klippen; allein für jetzt durfte diese Quelle nicht benutzt werden. Damit diese Tange *(Fucus vesiculosus u. a.)* in ihrem Wachsthum nicht gestört, in ihrer Vermehrung nicht wesentlich beeinträchtigt werden, gestattet das Gesetz nur einmal im Jahr ihre Ernte, und diese fällt für St. Vaast in den Februar. Zur Sodafabrikation scheint der hiesige Tang oder Varec nicht benutzt zu werden, wenigstens habe ich nicht davon sprechen gehört: wahrscheinlich sind dazu noch grössere Mengen erforderlich, wie sie am Cap la-Hougue bei Poqueville nahe Cherbourg und auf den Chausey-Inseln vorkommen (vgl. Andouin et Edwards Littoral de la France I. pag. 67 und Quatrefages Souvenirs d'un naturaliste I. pag. 35). Alle jene andern Leute, die von dem Ertrag der Ebbe leben, indem sie Seethiere sammeln, sind Proletarier, oft wahrhaft kümmerlich anzuschauen.

Sie stellen namentlich den **Patellen** *(Patella vulgata,* hier **Flies** genannt) und einer Art von **Littorina** *(L. littorea L.)* nach, einer kleinen schwarzbraunen, spiralgefurchten Schnecke, die hier unter dem Namen **Vignot** bekannt und beliebt ist. Sie wird in Salzwasser gekocht und als kalte Speise aufgetragen und fehlte nie auf unserer Wirthstafel, wo man sie zur Abwechselung zwischen den einzelnen Gängen oder vor dem Dessert speiste, indem man das Thier mit seinem Deckelchen mittelst einer Stecknadel herausholt. Dagegen sind die **Patellen** wenig geachtet, das **Meerrohr** *(Haliotis tuberculata L.)*, das eine viel ansehnlichere Grösse erreicht, weit höher geschätzt und bei St. Malo in Menge gefunden wird, habe ich hier niemals zu Gesichte bekommen. Von Zweischalern wird eine Art Messerscheide *(manche de couteau)*, *Solen vagina L.* zum Essen gesammelt, auch wohl *Venus decussata Lam.*, ein Gegenstand besonders eifriger Nachstellung aber sind drei Arten von Krabben, die sich überall herumtreiben, oft wo man sie nicht ahnt, in dem vom Wasser durchdrungenen Sande versteckt, und aus ihrem Hinterhalt über kleine in Lachen zurückgebliebene Thiere herfallend: *Pagurus maenas (L.)*, *Portunus puber (L.)* und *Platycarcinus pagurus (L.)*, der erstgenannte auch im Mittelmeer sehr gemein, obwohl er dort seltener eine so bedeutende Grösse als hier erreicht, aber in dieser Hinsicht noch weit übertroffen von *Platycarcinus*, der im Mittelmeer zu den Seltenheiten gehört; nirgends habe ich von diesen Krabben stattlichere Ausstellungen als bei den Fischhändlern in London gesehen; es befanden sich darunter Exemplare von 10 Zoll in der Breite und darüber. Seine furchtbaren Waffen, die gewaltigen Scheren, wissen die Leute, die ihm zur Ebbezeit nachstellen, so geschickt über- und ineinander zu biegen, dass sie ihn ungefährdet davontragen, und während sie einen zweiten auftreiben, ruhig auf dem Rücken liegen lassen können. Wir erwähnten oben der mit Hamen ausziehenden Frauen: diese gehen auf den Fang der **Garnelen** *(crevettes)* aus, jener langschwänzigen, dünnschaligen, im Leben ganz durchsichtigen Krebse, die an den Ostseeufern fälschlich Krabben genannt werden. Sie fahren damit, indem sie die Stange des Netzbeutels kräftig andrücken, auf den Wiesen von Seegras hin, welche bei tieferer Ebbe emportauchen und es muss keine geringe Anstrengung kosten, dies so anhaltend zu wiederholen. Die Arten, die auf solche Weise gefangen werden, sind hauptsächlich *Crangon vulgaris Fabr.* und *Palaemon Squilla (L.)*, doch befinden sich auch einige andere darunter, wie *Nika edulis Risso.* Auch diese Garnelen erscheinen häufig auf unserer Tafel, sie sind aber nicht bloss eine allgemein genossene Speise, sondern dienen auch als Köder für manche Fische. So niedrig ihr Preis ist, so macht doch die ungeheure Menge, in der sie auftreten, ihren Fang zu einem nicht unbedeutenden Gegenstand. So erzählt **Quatrefages**, dass die etwa 10 Frauen auf den Chausey-Inseln, denen man denselben überlässt, jährlich an 2500 Kilogramm aus dem Meere ziehen und aus ihrem Verkauf gegen 8000 Fres. gewinnen. Bekanntlich beherbergen die *Crangon's* und *Palaemon's* häufig das Weibchen eines kleinen Asselkrebses *(Bopyrus squillarum)*, der sich an der Innenfläche der den Kiemen anliegenden Schalenwölbung festsetzt und seine Gegenwart durch eine buckliche Auftreibung dieser Stelle verräth. Meinem Speisewirth Herrn Casseron war dies nicht entgangen, aber so sonderbar dieser ganz platte assymmetrische Parasit aussieht, ich hätte nie daran gedacht, ihn mit einer Scholle zu vergleichen, und doch behauptete mein Wirth, als wäre das eine ausgemachte Sache, dass dieses Thier das Junge einer Scholle sei, und ich hatte Mühe, es ihm auszureden. Endlich giebt es noch einen Meerbewohner, den die Ebbe den Fischern überliefert; es sind die kleinen Meeraale *(Conger conger L.)*; sie liegen unter den grossen Steinen versteckt und man bemächtigt sich ihrer, indem man sie durch einen Schlag auf den Kopf mit einem kurzen eisernen Haken betäubt. Auch sie dienen sowohl zum Essen, als zum Köder an den Angelschnüren. Auf den Fang der *Lançons* werde ich später zu sprechen kommen.

Wenn nun auch dies rege Treiben für den Neuling und für den Laien, der keine besonderen Zwecke verfolgt, etwas Anziehendes hat, so war mir doch eine solche Gesellschaft von Jagdgenossen, mit der ich alle Tage zur Zeit der Ebbe zusammentraf, auf die Dauer nichts weniger als erwünscht; nicht, dass ich von ihrer Neugier belästigt wäre, von der der Naturforscher in Italien so viel zu leiden hat, aber diese unermüdlichen Proletarier beeinträchtigen wesentlich die Ausbeute, indem sie das Jagdterrain verderben. Die Garnelenfischer liesse ich mir schon gefallen: die ziehen auf den klippenfreien Partieen, die sich allmählich zu betretenen Strassen umgewandelt haben, gradesweges dem Meere nach und setzen dort ihre Netze in Bewegung, aber alle anderen vertheilen sich auf die Klippen und an die Felsblöcke und kehren das Unterste zu oberst. Wie oft lockte schon von ferne eine Gruppe breiter und dabei wenig massiger Steine — von allen, weil man sie leichter bewältigen kann, die erwünschtesten — allein bei näherer Betrachtung ergiebt sich, dass sie alle umgewendet sind, denn die mit *Balanen* und *Fucus* bekleidete Fläche liegt nach unten, und dann siedelt sich, wenn sie nicht bereits lange Zeit so gelegen haben, kaum jemals etwas Interessanteres an. Diese Ueberraschungen werden besonders unangenehm, wenn man zur Zeit der kleinen Ebbe sucht, wo das Terrain ein beschränkteres ist. Doch fangen wir bescheiden an den Ufermauern der Stadt an, von denen sich eben das Meer zurückzieht. Mauern und Ufersteine bedeckt weit hinauf ein dichter starrer Ueberzug von kleinen Balanen *(Balanus balanoides L.)*, während tiefer und auf dem Boden die beweglichste Thierwelt haust. Da treiben die Uferasseln *(Ligia oceanica L.)* ihr Wesen, und man mag zusehen, wie man trotz ihrer oft ansehnlichen Grösse diese pfeilschnellen Gesellen unbeschädigt erhascht, die im Nu in den Fugen der Mauern verschwinden, und hebt

man den ausgeworfenen Seetang auf, wie wimmelt es da von lustig
hüpfenden Flohkrebsen, die doch auch ihre gedrungene glatte Gestalt nur
zu leicht unter den Händen entschlüpfen lässt: ich sammelte hier nur
eine Art, die *Orchestia mediterranea Cost.*, ging aber auch nicht darauf
aus, ihren hier vielleicht sonst noch vorkommenden Verwandten besonders nachzuspüren, da ich erstaunt bemerkte, wie weit während dieser
kleinen Jagd der flache Meeresboden schon entblösst war. Eben so
wenig sollen uns die *Arenicolen* aufhalten, über deren zahlreiche wurm-
förmige Auswurfshäufchen wir nur, soweit die Sandfläche reicht, hinweg-
gehen; wir eilen zum Felsboden und dessen Klippen nördlich vom Badeplatz; auch hier fehlen Balanen nicht, aber am meisten in's Auge fällt
die Fucusvegetation; wir befinden uns in der Region, die dem Wogen-
drang am meisten ausgesetzt ist, reich an kleinen von starken Gehäusen
geschützten Schnecken, unter denen die Napfschnecken, *Patella vulgata (L.)*
die ansehnlichsten, so *Litorina littorea (L.)*, und die gelbe oder gelbrothe
L. littoralis (L.) in Masse, *L. rudis Don.*, *Purpura lapillus (L.)*, aber erst
eine Strecke weiter lohnt es Halt zu machen, und mit dem emsigeren
Suchen zu beginnen, dort, wo muldenförmige ringsum geschlossene Vertiefungen der Klippen dem Wasser keinen Abzug gestatten. Diesen winzigen Lachen muss man alle Aufmerksamkeit schenken; viele derselben
sind nur so flach, dass man mit der Hand ihren Boden erreicht, an allen
aber kann man die Seitenwände ablesen. Jeder in ihnen befindliche lose
Stein und was sich nur ablösen lässt, verdient untersucht zu werden.
Hier trifft man die zierlichen *Rissoen* in mehreren Arten, *Nassa reticulata*
(L.), *Murex erinaceus L.*, kleine *Trochus*, *Fissurellen* und *Chitonen*: von
diesen, für die ich, weil sie mit ihrer segmentirten Schale und dem Ver-
mögen sich einzurollen so eigenthümlich dastehen, eine besondere Lieb-
haberei hege, giebt es 2 Species häufig, den *Ch. cinereus L. (marginatus*
Penn.), und den mit breitem, wulstigem Mantelsaum eingefassten durch
Borstenbüschel vor allen ausgezeichneten *Ch. fascicularis L.*, der hier oft
eine ansehnlichere Grösse als im Mittelmeer erreicht. Nur sehr vereinzelt
begegnete mir *Amphisphyra hyalina Turt.*; *Tergipes lacinulatus Cuv.* aber,
den C. Vogt bei St. Malo in solcher Menge antraf, suchte ich ganz ver-
gebens. Die *Bivalven* waren in diesen Lachen nur spärlich vertreten, am
meisten durch *Venus (Tapes) decussata Lam.* und *virginea L.*, beide nur
in kleinen Exemplaren. Dagegen gehören gewisse *Ascidien* zu den regel-
mässigen Bewohnern dieser oft winzigen Wasserbehälter, theils einfache,
und zwar nur *Phallusien*, theils zusammengesetzte: Steine von der Grösse
einer ausgebreiteten Hand waren an ihren Unterflächen oft von 3, 4 und
mehr Exemplaren von *Phallusien* besetzt, hauptsächlich von *Ph. mentula*
(Müll.), von der so durchsichtigen *Ph. intestinalis (Cuv.)* und der krystallhellen
und durch die feinen Zacken ihrer Oberfläche zierlichen *Ph. scabra (Müll.)*,
die jedoch mit so breiter Basis anhaftet, dass es bei der Dünnheit gerade

dieser Wandungen und den Unebenheiten der Steine, die sie überzieht, kaum jemals gelingt, sie unverletzt abzulösen. Von zusammengesetzten Ascidien sieht man niedliche Stöckchen von dem orangegelben *Aplidium fallax Johnst.* und *Amaroucium proliferam Edw.* und dünne Ueberzüge von *Didemnium gelatinosum Edw.* und *Leptoclinum fulgens Edw.* In der Hoffnung, eine grosse Mannigfaltigkeit von Amphipoden und Isopoden anzutreffen, ward ich getäuscht: *Megamoera Othonis Edw., Gammarus marinus Lch., Lysianassa atlantica Edw. Idothea tridentata Latr.* und einige *Sphaeromen* wiederholen sich am meisten. *Melita palmata Mont., Paranthurus Costana Sp. B., Cymodoce pilosa Edw.* und *Nesaea bidentata* seltener; *Pilumnus hirtellus (L.), Galathea strigosa (L.)* und *Pagurus Prideauxii Lch* alle drei nur in kleinen Exemplaren, und zahlreiche *Porcellana platycheles Penn.,* spärlichere *P. longicornis (Penn.)* repräsentirten die Ordnung der *Decapoden.* Von *Pycnogoniden,* von denen in der Nordsee und dem Kanal so mannigfache Arten vorkommen, erinnere ich mich an diesen Localitäten nur ein Thier erbeutet zu haben, es war *Achelia echinata Hodgs.*

Was die *Nemertinen* anlangt, so gab es in diesen Lachen nur solche von unansehnlicher Grösse: *Astemma rufifrons Johnst.,* einen ähnlichen zinnoberrothen Wurm, *Nemertes communis v. Ben.?, Tetrastemma variicolor Örsd.* und *Serpentaria fusca Johnst.* Der *Nemertes* hält sich tagelang vortrefflich selbst in kleinen Gläsern, die man jedoch nicht unverschlossen stehen lassen darf, da dieses Thier gern herauskriecht. Es pflegt, wenn es nicht contrahirt am Boden liegt, zu einem dünnen Faden ausgestreckt den ganzen Innenraum zu durchspannen, indem es sich hin und her an gegenüberstehende Punkte der Glaswand andrückt und in dieser Lage ruhend verbleibt. *Planarien* begegneten mir selten und nur sehr kleine Formen. Auch für *Anneliden* sind diese Mare's keine ergiebige Fundgrube, doch giebt es einige Formen, auf die man mit einiger Sicherheit rechnen kann: dahin gehören namentlich 2 Arten *Terebella,* deren Röhren der Unterseite der dort befindlichen Steine anliegen; die gelbe, blos 2 Paar Kiemen führende, *T. gelatinosa Kef.,* die sich beim Tödten in Weingeist in eine pfropfenzieherartige Spirale zu legen pflegt und die olivengrüne mit 3 Paar Kiemen versehene *T. (Polymnia) Danielsseni Mgn.;* letztere hat eine kürzere, gedrungenere Gestalt und kann sich in kräftiger Schlängelung schwimmend bewegen, oft sah ich sie aber auch der Wand eines Gefässes anliegend rüstig mit ihren Fühlern, Hakenwülsten und Flösschen fortkriechen. Mit den Terebellen theilt *Leucodore ciliata Johnst.* dies Vorkommen, in fadenförmigen unregelmässig geschlängelten Röhren hausend, während kleine *Cirratulen* sich am Boden im schwarzen Moder aufhalten. Eine interessante aber seltene Erscheinung war ein winziger *Sclerocheilus,* den ich von dem *Scl. minutus* des Adriatischen Meeres nicht zu unterscheiden vermag und das in einen klaren Schleim gehüllte *Chloraema*

Dujardinii Qfg., das mit dieser Hülle eben so gut kriechen als schlängelnd schwimmen kann, wogegen kleine *Polynöen*, *P. cirrata (Müll)* und *P. assimilis Örsd.* fast täglich anzutreffen waren. *Echinodermen* habe ich ausser *Ophiotrix fragilis (Müll.)*, von dem sich die verschiedensten Färbungen neben einander finden und ausser *Asteriscus verruculatus Retz.* zur Zeit der schwächeren Ebben in diesen Mares nicht bemerkt, und auch diese beiden nicht häufig; von *Actinien* nur *Anthea cereus (Ell.)*

Die Excursionen nach dem eben beschriebenen Gebiet wiederholte ich fast täglich, da sie so wenig Zeit kosteten, dass ich das hier Gesammelte mit einiger Ruhe zu Hause beobachten konnte; nur einmal, bevor die günstigere Periode eintrat, begab ich mich in Begleitung der Fischerin Marie Bunel nach der Insel Tatihou, um auch dort einen Versuch mit der Anwendung des Dreizacks auf dem Sandboden zu machen, ein Versuch, der ganz belohnend ausfiel, weil er mich in den Besitz von Anneliden brachte, die wir in der Nähe des Hafens nicht gefunden hatten. Die Stelle, zu der sie mich geleitete, lag eine Strecke hinter dem Halteplatz für die Böte an der Westseite der Insel diesseit des Castells, und lieferte uns ausser *Arenicola piscatorum*, *Terebella conchilega Pall.*, *Nephthys cocea* und *Nerine foliosa*, von der wir jedoch trotz aller Vorsicht wiederum nur grössere Bruchstücke erhalten konnten, *Capitella rubicunda Kef.*, *Lagis Korenii Mgn.*, *(Pectinaria belgica? Pall.)*, *Eunice Bellii Aud. Edw.*, *Lumbriconereis Nardonis Gr.*, vollständige Exemplare von *Petaloproctus spathulata (Gr.) Clymene Örstedi Clap.* und *Glycera Rouxii Aud. Edw.*, eine Annelide von fast rosenrother Farbe, die zu den längsten Arten gehört, (denn sie misst ausgestreckt bis 12 oder 13 Zoll in der Länge) aber nur eine Dicke von 6 Mill. mit den Rudern ohne Borsten erreicht.

Eine ganz ähnliche Stelle, die ebenfalls die Anwendung des Dreizacks fordert, doch erst bei tieferer Ebbe zugänglich wird, lernte ich später (am 16ten September) an Fort la-Hougue kennen, will sie aber sogleich hier besprechen. Das Fort La Hougue ist zwar ringsum von steilen aufstehenden Klippen umgeben, allein im Westen desselben, gegen die Bucht hin, verlieren sich diese allmählich und man hat näher der Stadt zu einen flachen, schlammig sandigen Strand, aus dem nur einzelne Klippen vorragen, die sich zuletzt ganz verlieren. Diese Stelle liefert *Nereis cultrifera* und *regia*, *Nephthys cocca*, *Nerine foliosa*, doch hoben wir hier auch ein kleines Exemplar von *Eunice sanguinea* heraus, und in den Spalten jener Einzelklippen sassen ein paar bisher von mir nicht beobachtete Nemertinen: die blasserdfarbene *Meckelia taenia Dalyell*, mit schmaler, etwas dunklerer von zwei weissen Linien eingefasster Rückenbinde und weisslicher Randlinie, eine Art, die an 5 Zoll lang wird und ihre Breite ungemein verändert, und die olivengrüne, mit weissen linearen Ringen umgebene *Borlasia olivacea Johnst.* Das Interessanteste war mir aber das massenhafte Auftreten von *Terebella conchilega Pall.*, deren

Röhren senkrecht nebeneinstander standen, nur mit ihrem obersten Theil kaum etwa 1 Zoll aus dem Sande hervorragend: in ihrer Umgebung war die sonst hier überall verbreitete *Arenicola* durchaus nicht zu bemerken. Die ersehnten Tage, welche mit dem am 15. September eintretenden Vollmond die tiefste Ebbe herbeiführten, rückten immer näher und immer dringender empfand ich das Bedürfniss nach einem kräftigeren Beistand, um grössere Felsblöcke zu heben und mit weniger Aufwand von Zeit dieselben zu spalten, und die Bewohner ihrer Spalten zu erbeuten. Da führte mir das Glück einen Fischer zu, einen armen Teufel, der eine grosse Familie, sonst aber wohl nichts besass, als was er auf dem Leibe trug, Henry Nordey, alle Welt kannte ihn nur unter dem Namen Henry IV. Mein Speisewirth empfahl ihn mir als einen zuverlässigen und in solchen Dingen erfahrenen Mann, und wenn auch das letztere nur in einem beschränkten Sinn zu verstehen war, so hätte ich doch keinen unverdrosseneren willigeren Gehülfen finden können. Wir beschlossen zunächst (es war am 11. September) einen Gang nach dem Fort La Hougue, dessen steil aufgerichtete Klippen zur Bildung von kleinen Mare's nirgend Gelegenheit boten; hier sollte die Spitzhacke ihre Dienste leisten, allein der Granit zeigte sich vorwiegend so fest und hart, dass man sie doch nur mit grosser Vorsicht anwenden konnte. Gleichwohl gelang es, einige günstigere Stellen zu entdecken und so die Fundstätte von wieder anderen Anneliden aufzuschliessen, die recht eigentlich die Bewohnerschaft von engen und tiefen Gesteinspalten bilden; die Sandlage, die diese Spalten ausfüllt, bietet solchen Thieren, die keine festeren Röhren bauen, sondern mehr in Gängen hausen, eine geeignete Wohnstätte, und wo sich einige Erweiterungen finden, kommt es auch zum Bau von eigentlichen Röhren, die sich leicht ablösen lassen. So kam ich denn auch bald in den Besitz von *Eunice sanguinea Mont.*, einer der ansehnlichsten Arten dieser so umfangreichen Gattung der Kieferwürmer, deren Raubthiercharakter in der kräftigen Bewaffnung des Rüssels so ausgeprägt ist. Doch gehört sie nicht zu den schöneren ihres Geschlechts, denn der Grundton der Färbung ist düster, ein schmutziges grünliches Grau, das bloss durch die zahlreichen blutrothen, längs den Rückenrändern stehenden Kiemenquasten gehoben wird und nur eine Andeutung von dem köstlichen Farbenspiel der meisten Arten besitzt. So kann man denn diese Eunide, wenn man sie eben ergreift und nur Bruchstücke vor sich hat, leicht mit *Nerine foliosa* verwechseln, obwohl deren Kiemen nur einfache aber breitere kurze Fäden darstellen. Einen ebenso düsteren Ton der Färbung trägt das an denselben Localitäten vorkommende *Siphonostomum plumosum (Müll.)*, das dem Mittelmeer zu fehlen scheint, während bei der stattlichen *Terebella Johnstoni Malmgr.*, einer Art mit 3 Paar verästelten Kiemen, der Leib bald leberbraun, bald fleischfarben erscheint. Ich sah schon bei dem ersten Angriff auf diesem Boden, dass hier die durch Grösse ausgezeich-

2

neten Formen ebenso zu Hause seien als in dem Sandboden, beide gleich
abweichend von den vorhin beschriebenen Bewohnern der Felslachen.
Eine ähnliche Beschaffenheit bietet ein grosser Theil des Strandes bei
Reville dar, eine Excursion, auf die ich später zu sprechen kommen
werde.

Zunächst aber muss ich noch einmal auf das schon von mir be-
sprochene Terrain am Badeplatz zurückkehren, um die Region desselben
zu schildern, die bei tieferer Ebbe zugänglich wird. Sie wird namentlich characterisirt durch das Auftauchen der *Zosteren*, bald in schmalen
Streifen, hinter denen noch leicht erreichbare Klippen liegen, bald in grösseren Flächen. Ehe man sie betritt, zeigt der Felsboden einige Veräu-
derung: es verschwinden die winzigen Mare's und machen ausgedehnteren
und tieferen Platz, aus denen man schon grössere, reichlicher bewachsene
Steine herausheben kann: an ihnen kehren zum Theil die Bewohner der
kleinen Lachen, doch reichlicher als dort, wieder, zum Theil treten andere
aus der Reihe der Würmer auf, besonders gilt dies von den Bassins, aus
denen, weil ihre Uferränder nicht mehr so geschlossen sind, mit fort-
schreitender Ebbe eine bedeutende Menge Wassers abfliesst, so dass die in
ihrem Ufergestein befindlichen Spalten leicht in's Auge fallen, und da der
untere Theil desselben im zurückbleibenden Wasser ruht, eine ergiebigere
Fundgrube bilden. Nun that die Spitzhacke vortreffliche Dienste. Hier
kann man ausser der *Polynoë squamata L.*, deren Stelle im Mittelmeer die
P. clypeata Gr. mit ungefranzten Rückenschuppen einnimmt, die lang-
streckige *P. scolopendrina Sav.* sammeln, bei der nur die vordere Hälfte
des Rückens, und auch diese nur von kleineren Schuppen bedeckt wird:
leider zerreisst sie nur zu oft beim Eintauchen in Weingeist, so dass
ganz erhaltene Exemplare zu den selteneren gehören. Häufig begegnet
man ferner *Lysidice punctata Risso*, von der ich glaube, dass sie identisch mit
L. Ninetta Aud. & Edw. ist, und *Lumbriconereis Nardonis Gr.*, die mir ebenso
wenig verschieden von *L. Latreillii Aud. & Edw.* scheint, wie die vorige
in Röhren lebend; es gesellt sich *Phyllodoce (Eulalia) viridis* dazu, bald
einfarbig maigrün, bald mit Querreihen schwarzer Fleckchen auf den Segmenten und der orangegelbe *Polycirrus (P. aurantiacus Gr.)* mit seinem
Schopf von unzähligen Fühlern, der im Dunkeln mit dem köstlichsten
Violetfener leuchtet, und es treten die bis dahin von mir vergeblich gesuchten *Sabellen* auf, zunächst *Sabella vesiculosa (Mont.)* und *S. pavonina Sav.*;
von letzterer ähnt die Röhre an Gleichartigkeit, indem sie nur aus fei-
nem Schlamm besteht, an Länge im Verhältniss zu ihrem Bewohner und
Biegsamkeit der Röhre von *S. (Spirographis) Spallanzanii Viv.*, nur dass
sie einen viel kleineren Kaliber hat, während *S. vesiculosa*, von welcher
in Cuvier's illustrirtem Règne animal eine sehr gute Abbildung enthal-
ten ist, eine viel kürzere, hinten schneller zugespitzte Röhre baut und in
diese seitlich abstehende Conchylienfragmente kittet. Das eine der erbeu-

teten Exemplare war offenbar im Begriff, sein Vorderende zu reprodu-
ciren, die Kiemenfäden waren noch ganz kurz, der Halskragen noch ganz
schmal, der Wechsel in der Stellung der Borsten schon hinter dem 6ten
Borstenbündel bemerkbar. Nur einmal entdeckte ich auch ein Exemplar
von *Sabellaria anglica Ell.*, einer Annelide, welche auf dem durch die Ebbe
entblössten Felsboden von New-Brighton bei Liverpool in so ungeheurer
Menge vorkommt, aber freilich ist derselbe dort hin und wieder von
weitklaffenden Spalten durchzogen, in die man bequem mit dem ganzen
Arm hineingehen kann, eine Sicherheit für die Ansiedelung, die der Strand
von St. Vaast auch in seinem vom Ufer entfernteren Regionen, so weit
sie dem Fussgänger zugänglich sind, nirgends darbietet.

Nunmehr war auch nicht länger mit der Ausbeutung desjenigen
Felsenterrains zu säumen, welches mir schon Quatrefages als das er-
giebigste bezeichnet hatte: das der Insel Tatihou. Henry hatte einge-
sehen, dass die Pioche allein für diese Arbeit nicht ausreichen würde,
und stellte sich mit einem starken Brecheisen (barre) bewaffnet ein.
Wir schlugen den Weg auf der Insel ein, der rechts am Lazareth vor-
bei nach dem grossen Kastell führt, gingen eine Strecke auf der Maner,
die seinen Festungsgraben von aussen einschliesst, stiegen dann auf einer
schmalen Stiege am Pulverthurm herab und wandten uns hinter demselben
gegen Osten hin, um das Meer zu erreichen, bei einer zweiten Excursion
mehr nach Nordosten, bei einer dritten umgingen wir das grose Fort von
der Nordseite, ziemlich Reville gegenüber, von dem uns jetzt nur ein
schmaler Meeresarm trennte, schlugen dann aber auch eine östliche Richtung ein. Die Barre öffnete uns, ohne besondere Vorsicht anzuwenden
ungleich leichter die Spalten der an ihrem Fuss noch von Wasser um-
spülten Klippen, aus denen eine Menge verschiedener Anneliden an das
Tageslicht kamen, zunächst vortreffliche Exemplare von *Petaloproctus spa-*
thulatus (Gr.) und *Clymene lumbricoides M. Edw.*, alle noch in ihren Röhren
und unversehrt erbeutet wurden. Man erkennt den *Petaloproctus* sogleich
an dem spatelförmigen, etwas ausgehöhlten Hinterende; wogegen das letztere bei den eigentlichen *Clymenen* einen gezackten Trichter darstellt,
auch fehlt dem Kopftheil von *Petaloproctus* die ausgebildete von einem
schmalen mittleren Längsstrich bis zur Mitte halbirte Scheitel- oder Nacken-
platte der *Clymene*, sie sieht vielmehr verkürzt und abgerundet wie eine
Kapuze aus; ausserdem fällt *Clymene lumbricoides* durch die eintönig ocher-
oder erdbraune Färbung auf, gegen die sich das Blutroth der Hinterhälfte
einiger vorderer Segmente so prächtig abhebt; ich habe davon Exemplare,
die noch in Weingeist $4\frac{1}{2}$ Zoll bei 5,5 Mill. Dicke messen. Die Röhren
von beiden liegen ihrer ganzen Länge nach den Spaltflächen der Steine
an, sind ziemlich dickwandig mit einzelnen Granitbröckchen auch Con-
chylien-Fragmenten bekleidet, aber nicht sehr fest. Beide werden an

Grösse noch merklich übertroffen von einer chamoisfarbenen *Terebella*, deren 3 blutrothe Kiemenpaare als Querreihen unverästelter Fäden, und deren Borstenbündel in schwankender Zahl von 40 bis 60 erscheinen, ein Thier mit bleichen Fühlern, das ich unbedingt für *Phenacia fetosa Qfg.* halte.*) Es ist die grösste Art, die ich kenne, denn sie erreicht eine Länge von mehr als 8 Zoll und eine Dicke von über 7 Mill., und kommt wie die eben genannten Maldanien häufig vor. Dasselbe gilt von *Sigalion Idunae Rathke* und einer *Heteronereis (H. Schmardae Qfg.)*, die deshalb ein besonderes Interesse darbot, weil sie in ihrer Paarungszeit stand und man von Genitalstoffen strotzende Männchen und Weibchen haben konnte. Sie steckten in horizontal aufliegenden, plattgedrückten, häutigen Röhren, die viel weniger consistent als die von Sigalion bereiteten waren. Quatrefages, der sie auch um diese Zeit beobachtet hat, meint, dass diese *Heteronereis* wahrscheinlich nur zur Laichzeit an die Küste kommt, da er wenige Tage nach dem Ende des September auch nicht ein einziges Exemplar mehr antraf**). Selten war *Eunice sanguinea* und noch seltener eine ochergelbe, auf der Oberseite jedes Segmentes mit 2 Querreihen schwarzer Punkte besetzte *Phyllodoce, Ph. (Eulalia) Griffithsii Johnst.* Von Sabellen gab es hier zwei Arten: *S. pavonina Sav.*, die häufigste, wie es scheint, auf Tatihou, und die sehr kurze und verhältnissmässig dicke, gewöhnlich dunkelweinrothe, mit gelbbraunen oder gelbrothen, dunkel gebänderten Kiemen gezierte *S. Argus Sav.*, von der ich auch Helgoländer Exemplare im Berliner Museum fand, sehr leicht an den paarigen in Absätzen stehenden Blättchen und Augen an der Aussenseite der Kiemenfäden erkennbar. Die Identität dieser Art mit *Dalyelli Köll.* hat schon Malmgren angeführt, aber auch die von mir als *S. polyzonos* beschriebene Art des Adriatischen Meeres und die *S. verticillata Qfg.* ist keine andere; eine Differenz um 2 Fäden in dem rechten und linken Kiemenbüschel begegnet nicht selten, doch bilden sie nur einfache Kreise. Diese schöne *Sabella* lebt in der Zosterenregion, öfter unter dem Rasen selbst, den die Zosteren bilden. Von ungegliederten Würmern hebe ich namentlich hervor die schöne, von Quatrefages beschriebene und abgebildete *Valencinia ornata*, die sich auch bei Triest und Luzin findet, und den Riesen der Nemertinen, den bisher nur dem Kanal und der Nordsee nachgewiesenen *Lineus longissimus Simmons (Borlasia Angliae Oken, Nemertes Borlasii Cuv.)* Meine Exemplare dieses so veränderlichen Wurmes waren freilich nur klein im Verhältniss zu denen, die

---

*) Zwar spricht Quatrefages der Gattung *Phenacia* nur 2 Paar Kiemen zu, doch habe ich mich an dem Original-Exemplar des Pariser Museums überzeugt, dass in der That deren 3 vorhanden sind.

**) Von dieser *Heteronereis* wurde nachträglich ermittelt, dass sie die epitoke Form einer ebenfalls bei St. Vaast lebenden Nereis, der *N. irrorata Mgn.*, sei.

Quatrefages und Johnston anführen, hatten aber doch bei mässiger Streckung eine Länge von 3 und 5 Fuss, die Breite eines grösseren schwankte zwischen 3 und 7 Mill. Seine Farbe war ein düsteres Braun, auf dem Rücken verliefen zwei schmale, mit je 2 dunkleren eingefasste Streifen, und am Kopftheil zeigten sich 2 seitliche weisse, in denen schwarze Pünktchen (Augen?) standen und ein kürzerer mittlerer an der Stirn. Henry behauptete, dass der Kopf dieses Thieres im Dunkeln leuchte, allein ich habe dies, obwohl ich dasselbe 5 Tage lebend erhielt, niemals bemerken können; sollte dies Leuchten etwa nur zu einer bestimmten Jahreszeit stattfinden, oder liegt hier eine Verwechselung zu Grunde?

Meine weiteren Forschungen auf der Insel Tatihou unterbrach ein schon lange von mir befürchteter Sturm — denn bis dahin war das Wetter vollkommen sommerlich gewesen und das Aequinoctium stand doch nahe bevor — ein Sturm, der von Regengüssen begleitet mit furchtbarer Gewalt fast 3 Tage anhielt, die Wellen stürmten wie wahre Wasserberge gegen den Damm, der das Fort La Hougue mit der Stadt verbindet, bäumten zu Staub zerschlagen hoch hinüber, und bedeckten die hinter ihm laufende Strasse mit grossen Wassermassen, ein Anblick, an dem man sich nicht satt sehen konnte. Ich konnte nicht anders erwarten, als dass das so aufgeregte Meer nur langsam abstillen würde, dies erfolgte jedoch so überraschend schnell, dass ich schon am 20. meine Excursionen wieder aufnehmen konnte. Mittlerweile waren die günstigen Tage der tiefen Ebbe vergangen, das morte mer hatte sich wieder eingestellt, und da es während dieser Periode gerathener war, das oben beschriebene schneller erreichbare Terrain in der Nähe des Badeplatzes auszubeuten, kam ich erst um 26. und 28. dazu, die Südseite der Insel zu betreten. Aufs Gerathewohl sich durch die Klippen und Steinmassen hindurchzuarbeiten, ist mühsam, und man folgt besser den schmalen Pfaden, welche sich im Lauf der Zeiten durch stärkere Rinnsale des abfliessenden Wassers gebildet haben und welche die Fischer benutzen, um ihre Angelschnüre mit dem Köder auszulegen, oder dem breiteren Bach, in dem das Wasser der Festungsgräben vom Fort zum Meere fliesst, zu beiden Seiten Lachen erzeugend. Tatihou hat schon darin einen Vorzug, dass die Zahl der Personen, die hier auf Beute ausgehen, eine geringere ist. Von diesen Ausflügen brachte ich mit vielen schon früher gesammelten manche bisher vergeblich gesuchte und sehr in's Auge fallende Thiere heim, namentlich einen ansehnlicheren fast blutrothen Plattwurm mit Fühlerfalten, *Proceros sanguinolentus Qfg.*, und eine köstliche zusammengesetzte Ascidie, den *Botryllus smaragdus M. Edw.*, der handgrosse, sammetgrüne, mit gelben Sternen durchwirkte Ueberzüge auf der Unterfläche der Steine bildet, und, wenn man sich Zeit nimmt, ziemlich leicht abzulösen ist. Eben da sassen die ledergelbe *Ascidia (Cynthia) microcosmus Cuv.*

viel sauberer als die aus dem Schlammboden der Adria erhaltenen Exemplare, mit *C. pomaria Sav.* und *C. morus Forb.* und grosse *Doris tuberculata*; zahlreiche *Asteracanthion rubens*, meist gelb, nicht wie sonst gewöhnlich violett gefärbt, lagen überall umher, *Ophiothrix fragilis Müll.* in Menge. *Echinus miliaris Leske*, in ziemlich grossen Exemplaren, war nicht selten, und die einzige Holothurie, die ich während meines Aufenthalts gesammelt, stammt gleichfalls von diesem so reichen Gestade, ebenso die Exemplare von *Euphrosyne mediterranea*, die wahrscheinlich mit *E. foliosa Aud. & Edw.* zusammenfällt.

In denselben Tagen wurde auch ein Ausflug nach Reville ausgeführt, eine Strecke die bei rüstigem Schritt eine gute Stunde erfordert, da man nur zur Zeit der niedrigsten Ebbe, statt der Krümmung der Bucht zu folgen, und den dort einmündenden kleinen Fluss auf der Brücke zu überschreiten, die Diagonale wählen und ihn durchgehen könnte. Das Terrain ähnt dem von Tatihou beschriebenen, sah an vielen Stellen ungemein günstig und einladend aus, sollte uns aber trotz aller darangesetzten Mühe wenig Belohnendes liefern, und nichts, was wir nicht auch auf der Insel gefunden. Das Beste wäre ein riesiges, einen kleinen Finger starkes Exemplar einer *Eunice sanguinea* gewesen, wenn wir es unversehrt erhalten hätten, so aber bekamen wir nur das Hinterende zu fassen, es gelang uns nicht die Steinspalte, in welcher der übrige Theil des Körpers steckte, zu erweitern und dieser leistete beim Versuch ihn herauszuziehen so kräftigen Widerstand, dass er abriss, *Sigalion Idunae, Clymene lumbricoides, Petaloproctus spathulatus, Proceros sanguinolentus* und *Botryllus smaragdus* waren wiederholt anzutreffen, *Alcyonium massa* nur in 1 Exemplar, das an einem Felsen sass. Besonders interessant aber war mir eine sandige ganz von Wasser durchdrungene Fläche, die in diesem halbflüssigen Boden eine Menge von *Ammodytes Tobianus* beherbergte und so den grössten Theil der Ortsbewohner herbeigezogen hatte. Wäre uns das Jagdterrain nur bekannter gewesen und nicht so viele Zeit mit dem Aufsuchen der geeigneteren Stellen verloren gegangen, derjenigen insbesondere, an denen sich der Granit weniger fest als an den meisten zeigte, so hätten wir sicherlich hier bessere Resultate gewonnen. Wir gingen noch eine Strecke auf dem flachen, von Sand bedeckten Felsufer nach Norden, über das Leuchtfeuer hinaus, wo eine Masse Fucus ausgeworfen lag und sammelten hier noch eine Menge mit ausgespülter *Lobularia digitata* und *Ascidia microcosmus.* Allein die Zeit mahnte uns zum Rückzug, und so stark wir zuschritten, die Stadt war erst bei Sonnenuntergang zu erreichen, und nicht einmal so viel Tageslicht übrig, um noch einigermaasen die Ausbeute in die verschiedenen Gefässe zu vertheilen: so sehr hängt man von der Stunde ab, in welcher bei kürzeren Tagen die Ebbe eintritt.

Einigermaassen entschädigten mich die Nachmittagsstunden des letzten Tages, über den ich noch verfügen konnte und an dem ich wiederum die freiliegenden Zosterawiesen am Badeterrain mit Henry aufsuchte. — es war der 29. September — indem er mir *Ascidia (Cynthia) rustica (Müll.)*, eine hübsche Zahl von *Siphonostomum plumosum, Polycirrus aurantiacus, Sabella vesiculosa, S. reniformis Müll.* und ein stattliches Exemplar von *Phyllodoce laminosa Sav.* in die Hände brachte, aber auch diese Ausbeute ward uns verkümmert, indem der grau und trübselig auf unsere Arbeit herabschauende Himmel sich von Zeit zu Zeit in Regenschauer entlud und uns so wenig Licht spendete, dass wir früher von dannen mussten, als ich gehofft hatte. Was konnte es helfen, dass der nächste Morgen so heiter anbrach? Das Einpacken der Sammlungen war nicht zu verschieben, und so wenig Raum auch diese Sammlungen einnahmen, es kostet viele Stunden unausgesetzter Arbeit, wenn man Alles wohl verschliessen und Gläser von so verschiedenem Format, wie sie St. Vaast zur Aushülfe lieferte, zweckmässig für den Transport zusammenstellen wollte.

Auf die Erforschung der vom Wasser stets bedeckten Meeresgründe hatte ich bei diesem Aufenthalt in St. Vaast von vorn herein verzichtet; das Wenige, was mir von den dort ansässigen Bewohnern dennoch zukam, verdanke ich ein paar Netzzügen von Fischern und der alten Fischerin Marie, die gelegentlich an den ausgeladenen Austern Einiges ab- suchte; *Pecten maximus*, bei den Fischern unter dem Namen *Silieux* bekannt, einige Schwämme wie *Halichondria oculata Pall.*, ferner *Pecten opercula- ris (L.)* und *pusio (L.)*, *Mactra stultorum (L.)*, *Flustra foliacea*, *Buccinum undatum (L.)* einige *Trochus-* und *Natica*-Arten, *Echinus miliaris Leske*, *Ascidia microcosmus Cuv.*, *Solen vagina L.*, *Cardium echinatum (L.)* theils blosse Schalen, theils noch von den Thieren erfüllt; *Stenorrhynchus tenui- rostris, Pisa Gibbsii (Lch.)* und *tetracodon (Pen.)*; von Anneliden *Sabellaria anglica Ell.* und *Aphrodite aculeata L.*, von welcher letzteren mir auch Henry ein nach dem Sturm am 18. am Strande bei tieferer Ebbe gefunde- nes Exemplar brachte; er versicherte mich, dass dies Vorkommen ziemlich selten sei und dass sich dann das Thier einen Sandhaufen aufwerfe, ähnlich einem kleinen Maulwurfshaufen; daraus würde sich die bei den Fischern üb- liche Bezeichnung „taupe de mer" erklären. Die *Buccinen*-Schalen waren meist von *Paguren* und zwar von *P. Prideauxii (Lch.)* in Besitz genommen, die eine äusserst wohlschmeckende Speise liefern, aber überraschend und neu für mich, wenn auch nicht für die Wissenschaft, war, dass diese *Pagurus* oftmals nicht den ganzen Innenraum des Schneckengehäuses er- füllten, sondern hinter sich in der Spitze des Gewindes noch einen Mit- bewohner verbargen, eine Annelide von ansehnlicher Grösse, Savigny's *Nereis fucata*, welche offenbar mit Johnstons *Nereis bilineata* zusammen- fällt, was auch Johnston in seinem *Catalogue of the British non para- sitical Wormes* angiebt. Ebenda finde ich auch ihres Vorkommens in Schneckenschalen und des Zusammenwohnens mit einem *Pagurus* in *Fusus corneus* erwähnt, und dass Leach handschriftlich diese *Nereis* sehr be-

zeichnend *Nereis buccinicola* benannt.   Auf die charakteristische Zeichnung
derselben im lebenden Zustande blässer oder dunkler, fleischroth mit 2
weissen Rückenlängsstreifen hatte Savigny in seiner Beschreibung nicht
aufmerksam gemacht, auf die Vertheilung der Kieferspitzchen an dem
Rüssel nicht Rücksicht genommen.

Auf der Rückreise wurde in Paris das Versäumte nachgeholt, die
Besichtigung der grossartigen Industrie-Ausstellung und der Seeaquarien,
die des Anziehenden viel darboten, und von denen nur zu bedauern ist,
dass gegenwärtig die beiden umfangreichsten und an Mannigfaltigkeit mit
einander wetteifernden bereits wieder untergegangen sind, nämlich das in
der Ausstellung selbst und das auf dem Boulevard Moumartre befindliche: ich sah sie im vollsten Flor, wie es manchem der früheren Be-
sucher nicht zu Theil geworden war.   Die übrige Zeit war der Anneliden-
sammlung im *Jardin des plantes* gewidmet, deren Benutzung mir mit so
grosser Liberalität gestattet ward, dass ich mich verpflichtet fühle, dem
Vorstand derselben Herrn Professor Lacaze-Duthiers hier meinen besten
Dank zu wiederholen.   Doch war diese wohlgeordnete Sammlung, die
durch die vielfachen Bereicherungen des Herrn Professor de Quatrefages
für die französische Fauna einen ganz besonderen Werth erhalten hat,
so gross, dass ich sie nur für den mir zunächstliegenden Zweck durch-
mustern konnte.

Durch die Benutzung dieses und des von mir bei St. Vaast gesammelten Materials bin ich in den Stand gesetzt worden, eine Vergleichung
mit den mittelmeerischen Formen vorzunehmen, und habe mich überzeugt,
dass die Zahl derjenigen Anneliden, die beiden Faunen angehören, be-
trächtlicher ist, als aus der *Histoire naturelle des Annelés* von Quatrefages hervorgeht.   Zwar ist es mir nur zum Theil gelungen, die von Claparède und Keferstein bei St. Vaast entdeckten Anneliden wiederzu-
finden, auch fehlen mir noch mehrere von Quatrefages ebendaher beschriebene Arten, doch zählt mein Verzeichniss 60 Arten und von diesen
muss ich wenigstens 25 für solche halten, die auch in der Adria und
dem Mittelmeer vorkommen.

Beschreibungen einiger Pycnogonoiden und Crustaceen.

Pycnogonoidea (Pantopoda).

Ammothea Leach.
Zool. Miscell. I. p. 34.

Ammothea longipes Hodge? Taf. 1. Fig. 4.

Corpus subovale processibus coxalibus satis prominentibus, abdomine $\frac{1}{4}$ totius animalis longitudinis paulo minore, dorso laevi. Rostrum horizontale validum, obtusum, cum parte cephalica totam reliqui corporis longitudinem, dimidiam fere latitudinem aequans. Pars cephalica i. e. organis oris oculisque munita multo latior quam longa. Tuber oculiferum subgloboso-conicum. Mandibulae crassitudine sua distantes, rostro paulo breviores, dimidio angustiores, chela articulo basali vix brevior, digitis apice maxime curvatis, valde hiantibus, altero spinulis 4, altero (mobili) spinula 1 intus armato. Palpi rostro paulo magis prominentes, 6-articulati, articulo 3io longissimo, 1mo, 4to, 5to brevissimis, 6to iis paulo longiore, ut 4to et 5to setis nonnullis terminalibus instructo. Pedes haud graciles longitudinem totius corporis fere dimidio superantes, articulis 9, 1mo, 2do 3io junctis 4tum seu 5tum aequantibus, 6to longiore, omnibus inermibus, setas paucas gerentibus, 8vo longitudine 5ti, leniter curvato, spinis majoribus 2, minutis 3 marginis interioris, setis 5 exterioris; unguiculis secundariis principali satis brevioribus gracillimis. Abdomen obtuse conoideum, longitudine partis cephalicae, utrinque seta 1 munitum.

Longitudo 1 mill.

Unter den Gattungen der *Pantopoden*, welche mit Mandibeln (Kieferfühlern) und vorderen Palpen versehen sind, und deren Mandibeln in eine Schere enden, bleibt für unser Thier nur die Wahl zwischen *Ammothea* Leach und *Phanodemus O. Costa. Phanodemus* soll nach Costa[*]) gar kein Abdomen besitzen, was beide sehr scharf trennen würde, und überdies Kieferfühler haben, die nach unten zu dem Rüssel ansitzen (*Anten-*

---

[*]) O. Costa *Fauna del regno di Napoli. Aracnidi p. 8. tab. I. II.*

nae cheliferae rostro inferius insertae), sowie bloss 2 Augen, welche am vorderen Rande des Kopftheils stehen, nicht auf einem Hügel, was von allen andern abweichen würde. Ueberdies scheint den Rücken eine Art Schild zu bedecken:

Alle diese Charaktere bedürfen wohl einer Revision, jedenfalls passen sie nicht auf unsere *Pantopode.* Für die Gattung *Ammothea* werden 8- oder 9gliederige Palpen angegeben, ein eiförmiger Rüssel und Nebenklauen. Bei unserer Art sind die Palpen entschieden nur mit 6 Gliedern versehen, und da sie in fast allen übrigen Merkmalen mit *A. longipes Hodge* übereinstimmt [*]), möchte ich vermuthen, dass Hodge's Angabe auf einem Irrthum beruht. Sie scheinen nur in gewissen Stellungen 8gliederig, indem sich die beiden Endglieder mit ihrem Basaltheil in die nächstfolgenden schieben, doch sehen diese Partieen unter dem Mikroskop dann dunkler aus. Jedenfalls müsste nach dieser abweichenden Zahl der Palpenglieder der Gattungscharakter erweitert werden; bei *Pallene* finden in Betreff des 2ten Palpenpaars ähnliche Schwankungen statt. *A. longipes* unterscheidet sich freilich von der zweiten englischen Species *A. brevipes* nach Hodge's kurzer Beschreibung und seinen Abbildungen nicht bloss durch den etwas minder dicken Leib, die etwas längeren Kieferfühler, die etwas schlankeren Beine, deren gleichmässigere Glieder nicht in einzelne einen Stachel tragende stumpfwinkelige Ecken vorspringen und den etwas conischen, an seiner Spitze nicht nach hinten umgebogenen Augenhügel, sondern auch durch die ungezähnten Scheerenfinger und den stumpfspitzigen *(tapering to a blunt point),* nicht abgestutzten *(conical with the apex truncate)* Rüssel, und diese beiden Theile unserer *Ammothea* würden mit *A. brevipes* mehr übereinstimmen. Allein die Zähnchen oder Stachelchen an der Innenseite der Scheerenfinger sind bei letzter Art, der Figur nach zu urtheilen, stärker ausgeprägt und 4 an beiden Fingern, ich sehe an dem unbeweglichen 4 schwächere, so dass sie mir anfangs bei geringer Vergrösserung entgingen, an dem anderen 2 kaum anschnlichere; überdies finde ich die Finger der Scheere nicht gleichmässig gekrümmt, wie bei *A. brevipes,* sondern nur an der Spitze schärfer umgebogen und die Kieferfühler selbst stärker als die Palpen, wogegen sich in den Figuren von *A. longipes* und *brevipes* kein Unterschied in der Dicke zeigt. An der Unterseite des Rüssels bemerkte ich an meinem Weingeist-Exemplar der Länge nach eine seichte mittlere Aushöhlung, und an der Unterseite des Leibes eine Andeutung von Gliederung. Die Gestalt der letzten Glieder des 1ten Beinpaars ist dieselbe wie in Hodge's Abbildung Fig. 6. Uebrigens muss mein Exemplar ein Männchen sein, da ihm das 2te Palpenpaar fehlt.

---

[*]) *Ann. of nat. hist. III. Ser. Vol. XIII. pag. 114 pl. XII. Fig 5, 6.*

Achelia Hodge.

Ann. nat. hist. Third. Series XIII. 1864. p. 114, vie p. 118.

Achelia echinata Hodge Taf. 1 Figur 6.

Achelia echinata Hodge, Ann. of nat. hist. III. Ser. Vol. XIII. p. 115 vl. XII. Fig. 7—10.

Corpus late ovale, supra margine in spinas utrinque 9 breves erectus producto, subtus integro, processibus coxalibus minime prominentibus, abdomine marginem paulo tantum superante, tereti, subobtuso. *Rostrum* gracilius fusiforme, reliquo corpore ¼ fere brevius, apice subacuminato. *Tuber oculiferum* breve cylindratum apice obtuse-rotundato, paulo antrorsum assurgens. *Mandibulae* rostro incumbentes, ½ fere longitudinis ejus, latitudine tuberis oculiferi distantes, a latere haud prominentes, palpis paris 1mi haud crassiores, articulis 2 tantum, extremo brevissimo, aeque lato ac longo, ungue nullo. *Palpi paris 1mi* rostro vix longiores, subtus juxta basin ejus orientes, apicem versus pilosi, articulis 8, 2do duplo longiore quam lato, 3to et 4to ut 1mo brevioribus, ceteris brevissimis: *Palpi paris 2di* subtus juxta pedes paris 1mi orientes, totius animalis longitudinem subaequantes, laeves articulis 9, 4to et 5to longissimis, duplo et triplo longioribus quam latis, 2do jam breviore, 3io paulo tantum longiore quam lato, ceteris etiam brevioribus, extremo lamellas minimas dentatas 2 ferente. *Pedes* toto animali fere ⅓ longiores fortes, articulo 1mo et 2do brevibus, utrinque spinis 2 (anteriore et posteriore) spiculum gerentibus armatis, 3io brevi inermi, 4to paulo longiore, ad apicem in angulum dorsualem producto, 5to margine anteriore leniter convexo, ut 6to et 8vo multo longiore quam lato, spinulas singulas gerente, 8vo curvato spinis basalibus 3, ungue principali fortissimo curvo, unguiculis secundariis gracillimis, ½ longitudine ejus. *Pedes paris 3ti et 4ti* processu cylindrato obtuso supra ad apicem articuli 2di affixo muniti.

Longitudo 2 mill., rostri fere ¾ mill., corporis 1¾ mill., pedum 3 mill.

Bei der Vergleichung des Thieres, nach dem ich die obige Beschreibung entworfen, mit Hodge's Charakteristik von *Achelia echinata* stosse ich noch weniger auf Zweifel über die Identität von beiden als bei der vorigen Pantopode; ich bemerke nur zunächst, dass dasselbe Organ, das bei den Ammotheen *foot-jaws* heisst, hier von ihm in der Gattungsbeschreibung *Antennae*, in der Artbeschreibung *inner palpi* genannt wird, wahrscheinlich, weil es in keine Scheere endet, ihm die Endklaue vielmehr gänzlich fehlt, und dass das an der unteren Seite des Rüssels entspringende Extremitätenpaar von Hodge in der Gattungsbeschreibung ebenfalls als *Antennae*, in der Artbeschreibung als *outer palpi* bezeichnet wird. Die kurzen, starken Stacheln welche jederseits 9, am Rande der Rückenfläche des Leibes sitzen und aufgerichtet sind, scheinen ihm vielleicht deshalb eben entgangen zu sein: der vorderste derselben sitzt an der Ecke des abgestutzten Vorderrandes zwischen dem Kieferfühler und 1ten Beinpaar, die andern zu je 2 über dem Ursprung jedes Beinpaars; die beiden hintereinander gelegenen in ein abgesetztes Spitzchen auslaufenden Stacheln an den Seitenrändern des 1ten und 2ten Beingliedes sind in der Figur Hodge's nicht an allen Beinen gleich gut und nicht stark genug ausgedrückt, des oberen kurzcylinderigen stumpfen Höckers auf der Rückenfläche des 2ten Gliedes ist in der Beschreibung gar nicht erwähnt, doch sieht man ihn an dem Hinterrande des 3ten und 4ten Beinpaares in Fig. 12, während die scharfe Ecke, in die der Endrand des 4ten Gliedes ausläuft, nicht vermisst wird.

Da eines hinteren Palpenpaares gar nicht von Hodge gedacht wird, könnte man vermuthen, dass es an seinem Exemplar gar nicht vorhanden gewesen sei, doch ist es wahrscheinlich nur, wie an dem meinigen, an der Unterseite versteckt und Fig. 10 zeigt uns der Erklärung der Tafel nach die Spitze des „false foot" eines Weibchens. Hier tragen die vier letzten Glieder, jedes 1, das Endglied 2 gezähnelte Blättchen von etwas längerer Gestalt als ich sie und zwar bloss am Endglied gesehen.

Mein sehr wohlerhaltenes Exemplar fand ich in einer der kleinen Meerlachen, welche schon zur Zeit einer nicht sehr tiefen Ebbe auf dem flachen Felsstrande von St. Vaast zurückbleiben. Hodge bemerkt in Uebereinstimmung damit, dass diese Art auf der Insel Man und an anderen Punkten der Englischen Küste bei niedriger Ebbe durchaus nicht selten sei.

Pallene
Johnst. Mag. of Zool. and Botany. 1837. p. 380.

Pallene brevirostis. Johnst. Taf. 1. Fig. 5.

Pallene brevirostris Johnst. Mag. of Zool. and Botany. Vol. I. (1837) p. 380. pl. 13 Fig. 7, 8 (Weibchen); Milne Edwards, Hist. nat. des Crust. III. p. 534. Gosse Manual of marine zoology for the British Isles. I. p. 119, Fig. 192 (Männchen, da die eiertragenden Palpen fehlen.)

Corpus gracilius processibus coxalibus valde prominentibus, laeve, abdomine verticali brevissimo, postice vix prominente. Pars cephalica producta, longitudine reliqui corporis, medio sensim attenuata. Tuber ocniferum humillimum conicum. Rostrum breve, $\frac{1}{2}$ partis cephalicae longitudine, subovatum. Mandibulae inermes, tota rostri latitudine distantes, articulo basali rostri fere longitudine, $\frac{1}{2}$ crassitudine ejus, apicem versus paulo incrassato, chela eo vix breviore manu tumida subglobosa, introrsum versa, setis aliquot obsita, digitis rectis, manus longitudine, denticulis 8 fere subtilibus armatis, pollice paulo longiore. Palpi oviferi subtus proxime par pedum 1mum orientes, pedibus tenuiores, toto animali fere $\frac{1}{3}$ longiores, articulis 10, 5to longissimo, $\frac{1}{4}$ longitudinis aequante, ad apicem breviter-calcarato, 4to et antecedentibus crassioribus, longitudine decrescentibus, 6to et sequentibus aeque longis, 8vo, 9no, 10mo e longitudine serie lamellarum instructis, 10mo leniter curvato, apice inermi, lamellis ovalibus sub 6-nis, margine spinulosis. Pedes paene 2-pla totius animalis longitudine, *articulis setas parcas gerentibus, 6to longissimo, 4to ei paene aequali, 2do et 5to jam paulo breviore, apicem versus leniter incrassatis, 8vo longitudine tantum 2di, curvato, basin versus spinis 4 interioris marginis, apicem versus spinulis minutis 6 instructo, articulo 1mo, 3io, 7mo brevissimis, ungue principali ¹/₂ longitudinis articuli 8vi superante, unguiculis secundariis dimidium unguis excedentibus, tenuissimis.*

Longitudo totius animalis vix 1,5 mill.

Obwohl ich nur ein Exemplar vor mir habe, dem die meisten Beine fehlen, halte ich es doch nicht für überflüssig, die Abbildung von John - ston durch ein paar Figuren zu ergänzen, da jene nur von der Rückenseite genommen ist und die eiertragenden Palpen nicht in allen ihren Gliedern übersichtlich darstellt. Johnston nennt dieselben 9gliederig, allein sein Basalglied ist in der That schon das 2te, indem ein noch etwas kürzeres, eben so langes als breites vorhergeht: dieses letzere entspricht vielleicht bei den Beinen dem (mit dem Leibe fest verwachsenen) Hüftfortsatz, ist aber jedenfalls beweglich wie das 2te, und daher seine Mitaufnahme in die Gliederzahl gerechtfertigt. Das 5te Glied meiner Zählung ist von allen entschieden das längste, der kurze Fortsatz an seinem Ende von Johnston nicht erwähnt. Die 3 Endglieder sind an der Innenseite mit einer doppelten Längsreihe von Blättchen besetzt, und erscheinen dadurch gekerbt, die Form derselben ist kurzoval, ihr Rand mit Borsten versehen. Die Eier, welche diese Extremitäten tragen, erreichen eine ansehnliche Grösse. Die Hand der Schere der Kieferfühler erscheint mir merklich verdickt, die Finger etwas mehr abgesetzt.

Der niedrige Augenhügel, der vor dem 1ten Beinpaar auf dem Kopftheil fehlt, wird in Johnstons Abbildung vermisst.

Amphipoda.

Urothöe

Dana Crust. Unit. Stat. Explor. expedit. p. 920.

Urothöe marinus Sp. Bate. ? var. pectinatus Gr. Taf. I. Fig. 1.

Corpus satis compressum, dorso laevi. Caput longitudine segmentorum proximorum 3 junctorum, rostro nullo, oculis oblongis, ocellis distinctis. Antennae breves, superiores inferioribus fere ¹/₄ longiores, repositae segmentum 2dum superantes, pedunculo paulo longiore quam flagello, articulis flagelli principalis 7, longioribus quam latis, fl. secundarii 3, ejusdem formae. Antennae inferiores haud tenuiores, pedunculum superiorum superantes, paululum pone illas orientes, articulis 5, 2do multo longiore quam 1mo supra serie spinarum subtriplici, 3io simplici serieque setarum longiorum exteriore munito, flagello brevissimo, articuli 3ii longitudinem aequante.

Segmenta anteriora seriemacularum fere 7 transversa ornata. **Pedes omnes**
setosi, unguibus rectis, **paris** *1mi et 2di similes, graciliores, subcheliformes, ungue
subtili (paris 2di breviore), articulo antepenultimo, antice emarginato, multo longiore
et latiore quam penultimo, subtus serie setarum longiorum ornato, penultimo paris
1mi subtus attenuato, paris 2di paulo longiore.* **Pedes paris** *3ii et 4ti validiores articulis brevioribus, antepenultimo extus serie setarum obliqua, subtus ut
penultimo (angustiore breviore) spinis aliquot munito, ungue postice serrulato;
p. p. 5ti, 6ti, 7mi etiam rebustiores, magis armati, femore laminae subquadran-
gulae instar dilatato, macula oblonga ochracea picto, ungne forti, antice serrulato.* **Pedes paris** *5ti latitudine insignes, articulo penultimo, antepenultimo et
proximo ad marginem inferiorem vitta ochracea et pectine spinarum, illis media
quoque vitta et pectine ornatis, omnibus 3 setas nonnullas pinnatas longissimas
ad angulum posteriorem inferiorem gerentibus, articulo penultimo dimidia proximorum 2 latitudine, longitudinem antepenultimi aequante.* **Pedes paris 6ti**
*longiores quam 7mi, ut hi articulis respondentibus multo angustioribus, ad mar-
gines tantum acervulos spinarum gerentibus, seta longa pinnata posteriore 1na,
(articulo 4to inserta).*

*Pedes paris 11mi et 12di repositi paene aeque longi, articulum proximi
basalem vix superantes, articulis extremis paululum curvatis, p. p. 13ii extremis
rectis, ramo exteriore ad apicem et infra eum setis longis tenerrime pinnatis fere
11, interiore paulo breviore paucis brevibus munito, aeque fere cum telsone prominente, utrisque anguste lanceolatis. Telson latius lanceolatum, usque ultra
dimidium fissum, utroque apice spinula 1 setisque brevibus 2 armato.*

Longitudo animalis curvati 6 mill., antennarum anteriorum ad 2 mill.

Die unteren Antennen entspringen bei der vorliegenden Gammaride so
nahe den vorderen, dass ich dieselben anfänglich nicht in die Unter-
familie der *Phoxiden,* wohin Spence Bate und Westwood die Gattung
Urothöe bringen, sondern bei den *Lysianassiden* suchte, unter die sie ihr
Auctor Dana gestellt hat. Jedenfalls entfernt sie sich von den *Lysianas-
sen* und *Anonyx* durch die Länge sämmtlicher Stielglieder der Antennen,
während bei jenen höchstens das 1te derselben sich durch ansehnlicheren
Umfang auszeichnet. Auch bei den *Urothöen* wechselt das Längenver-
hältniss der Antennen: bei den einen sind die unteren merklich länger
als die oberen und besitzen eine vielgliederige Geissel, bei den andern
übertreffen die oberen die unteren, ohne jedoch in eine ähnlich gestaltete
Geissel auszulaufen. Zu letzterer Gruppe gehören *U. marinus* Sp. B. & W.
und *U. brevicornis* Sp. B. & W., von denen nur *U. marinus*[*] mit der vorliegenden Art in der Anwesenheit von Stacheln auf den Basalgliedern der
unteren Antennen übereinstimmt. Auch die übrigen, in der nicht kurzen
Beschreibung hervorgehobenen Verhältnisse passen so gut auf unsere
Art, dass ich nicht Anstand nehmen würde, sie für dieselbe zu erklären,

*) Spence Bate und Westwood *British sessile-eyed Crustacea* I. p. 195.

wenn nicht Einiges, zum Theil aus den Abbildungen zu Entnehmendes, dagegen spräche, vor allem die Beschaffenheit des 5ten Fusspaares. Dieses erscheint bei unserem Thier nicht nur sehr viel breiter und gedrungener als die folgenden beiden, sondern das 4te, 5te und 6te Glied ist in seiner ganzen Breite am Unterrand, das 5te- und 6te auch in der Mitte mit einem Kamm von Stacheln bewaffnet, den eine noch im Weingeist erkennbare, erst allmählich ausbleichende ochergelbe, schmale Querbinde begleitet. Spence Bate, der fünf Exemplare von verschiedenen Punkten der Englischen Küste vor sich gehabt, würde diese auffallende, nur durch eine schmale Lücke unterbrochene Bewaffnung, wenn sie vorhanden gewesen wäre, schwerlich mit Stillschweigen übergangen haben, die ocherfarbenen Binden und die ansehnlichen ovalen Flecke von derselben Farbe auf den Schenkelplatten der 3 hinteren Fusspaare fallen weniger in's Gewicht. Er spricht ferner nur von einer Reihe einfacher Haare am Hinterrande des 5ten Fusspaares, während sie doch bei unserem Thier so entschieden gefiedert sind, wie er sie am 7ten abbildet; die Schenkelplatte des 5ten Paares erscheint bei Spence Bate nach unten merklich verschmälert, während ich sie oben und unten gleich breit sehe. Dagegen vermisse ich am 6ten Fusspaar die zahlreichen und langen gefiederten Borsten, und finde es entschieden länger als das 7te; bei beiden ist das 4te bis 6te Glied gestreckt, keines in eine so scharfe Ecke ausgezogen, wie bei Spence Bate. Die Schenkelplatten der 3 hinteren Beinpaare sind höher und schmäler, sie haben ziemlich die Höhe der Segmente, nur an der vorletzten sehe ich nahe dem Hinterrand unten 5 gefiederte Borsten. Dies deutet wenigstens auf eine Varietät, wenn nicht auf eine andere Art.

Eine andere Abweichung liegt in der Gestalt des Telson und der Endäste des 13ten Extremitätenpaars; jenes sieht bei Spence Bate nahe zu quadratisch aus, und ist in der ganzen Länge gespalten, bei unserer Urothöe nur bis zur Mitte gespalten und viel länger als breit, in zwei schmale Spitzen auslaufend, jede mit einem Stachelchen und 2 Borsten; die Endäste des betreffenden Extremitäten-Paars sehe ich viel schmäler und gestreckter und die langen Borsten des äusseren ungemein zart gefiedert, am innern fehlen sie fast ganz, am Unterrande sind sie durch 4 kurze Stachelchen vertreten; auch ragen die Endäste nur wenig über das Telson hinaus. Der ganze Körper erscheint gedrungener als in der Abbildung bei Spence Bate, in welcher man die Augen gänzlich vermisst, während sie in unserer Urothöe schwarz und länglich, am Unterrande ein wenig ausgebuchtet oder doch abgestutzt aussehen und sich die einzelnen Aeugelchen gut unterscheiden lassen: sie stehen in etwa 4 Längsreihen, in jeder etwa 6. Was die unteren Antennen betrifft, so erkenne ich mit grosser Deutlichkeit hinter dem hinteren mit Stacheln bewaffneten Gliede noch ein etwa 3mal so kurzes, glattes, von Spence Bate nicht dargestelltes.

Eutomostraca.

Antaria

Dana Crust. Unit. stat. explor. expedit. p. 1227.

Antaria latericia Gr.   Taf. I.   Fig. 3.

Latericia, corporis parte anteriore, pedes natatorios ferente, oviformi, supra leniter convexa, posteriore $^1/_3$ *tantum latitudinis ejus,* $^1/_2$ *longiore, segmentis 5, latitudine paululum decrescentibus, 1mo eorum (i. e. 5to pedigero) pedibus retroversis munito, latiore quam longo, 2do longissimo, dupla longitudine ejus, utrinque processu transverso, apice posteriora versus curvato, dilatato, ceteris decrescentibus, postremo paene quadrato, margine posteriora integro, stylos 2 suae longitudinis ferente.   Conspicilla parva ab anteriore capitis margine minus quam a laterali distantia.   Antennae superiores parte frontis truncatae triangula separatae, articulis 6, a 2do longitudine decrescentibus, inferiores brevissimi, ne 3ium quidem illorum articulum attingentes, articulis 3, aeque brevibus, postremo setis apice hamatis armato.   Praeter mandibulas (palpos ferentes) paria 2 pedum maxillarium distinguenda, posteriores validiores unco longo armati.   Pedes natatorii utrinque 2, breves biramei, articulis utriusque rami 3, aeque brevibus, subquadratis, exterioris extus spinosis.   Pedes segmenti proximi (liberi), laminae simplices angustae, elongatae, extremitate paulo latiore, emarginata, in setas 3, extrorsum decrescentes, exeunte, longissima earum segmentum proximum aequans.   Styli segmenti postremi in setas 4 excurrentes, 2 exteriores debiles, 2 medias, multo longiores et fortiores; longissima earum segmenta postrema 3 aequans.*

Longitudo 3,5 mill., pars corporis anterior latior 1,5 mill., posterior angustior 2 mill. longa.

Von dieser *Copepode* liegt nur 1 Exemplar vor, weshalb die an der Unterfläche des Leibes befindlichen Extremitäten nicht füglich abgelöst, sondern nur in ihrer natürlichen Lage untersucht werden konnten, und die Prüfung aller hierauf bezüglichen Angaben einer späteren Untersuchung vorbehalten bleiben muss. So konnte auch nicht mit Sicherheit ermittelt werden, ob die Zahl der an den Mund gerückten Extremitäten 3 oder 4 Paar sei: soviel ist gewiss, dass neben und hinter den Mandibeln, dem ersten in einen sanftgekrümmten, an der Spitze braunen Haken auslaufenden Paar und dem deutlich ausgeprägten ähnlichen, etwas schwächeren zweiten (den vorderen Maxillarfüssen) ein Theil liegt, der, wenn er bis an die Basis des 1ten Paares verfolgt werden könnte, als eine Palpe desselben, wo nicht als 1tes Maxillenpaar zu betrachten wäre. Da jedoch nach Claus bei den *Corycaciden* allgemein die Palpe der Mandibeln zu schwinden scheint, so ist das letztere, als in Uebereinstimmung mit der Beschreibung der *Antaria mediterranea* das Wahrscheinliche. Diese *Antaria* des Mittelmeers ist die einzige ausführlich beschriebene und durch Abbildungen gehörig erläuterte Art, weshalb die Abweichungen der unsrigen von dieser zunächst iu's Auge gefasst werden müssen. Hier zeigt sich dann, dass die hintere Partie des Körpers, das 5te fusstragende freie Segment mitgerechnet, bei *A. latericia* nicht kürzer als die vordere, sondern länger, auch an sich gestreckter ist, das jederseits mit einem seitwärts gerichteten spitzen Fortsatz versehene, darauf folgende Segment, an Länge die Summe der nächsten 3 nicht nur nicht überholt, sondern ihr nicht einmal gleich kommt, und diese letzteren alle länger als breit sind, dass die Schwimmfüsse viel kürzere kräftigere Aeste haben, die einästigen Füsse des nächsten Paares, einfache schmale, in 3 lange Borsten und in eine kürzere äussere auslaufende Blätter, sich gegen das Ende verbreitern und mit diesem den eben erwähnten Fortsatz des nächsten Segmentes erreichen, während er bei *A. mediterranea* weit davon absteht.

An den vorderen 6gliederigen Antennen ist hier nach der Abbildung von Claus das 3te Glied das längste, merklich länger als das 2te, die 3 Endglieder sehr kurz; bei unserer Art nehmen die Glieder vom 2ten an, welches das längste ist, an Länge bis zum 6ten ab, welches wieder etwas länger als das 5te wird. Das kaum $\frac{1}{4}$ so lange untere hintere Antennenpaar trägt an seiner Spitze etwa 6 oder 7 am Ende hakig gekrümmte Borsten. Die Farbe im Leben ist ein mattes Ziegelroth mit weisslichem Fleck auf dem Kopf und ähnlichen Segmentgrenzen.

Nereidicola

Keferstein in Sieb. u. Köll. Zeitschr. für wissenschaftl. Zool. XII. pag. 463.

Nereidicola bipartia 2. Taf. I. Fig. 2.

Corpus bipartitum: parte anteriore subovali, antennas, rostrum, pedes maxillares, par pedum natatoriorum 1-mum ferente, posteriore multo latiore et longiore, oblonga suboctogona, paria pedum natatoriorum 2 ferente, parte ventrali ejus inde a medio e longitudine excavata, in postabdomen transeunte, postabdomine angustissimo ad basin utrinque lobo orbiculari dilatato, in lacinias minutas parallelas acuminatas 2 exeunte. Sacci ovigeri utriculiformes, longitudinem corporis aequantes. Antennae breves 3 articulatae, setis parvis munitae, superiores paulo validiores erectae, articulo extremo atenuato, quasi annulato, inferiores retrorsum inflexae, contortae fronte truncata angusta separatae, articulo basali crasso. Pedes natatorii brevissimi articulis simplicibus 2, vix longioribus quam latis, postremo stylos 2 ferente, interiore paulo longiore, in setas longiores exeunte. Pedes maxillares haud satis distincti.

Longit. corporis $1\frac{3}{4}$ *mill.*

An dem Ruder einer *Nereis cultrifera* sehr fest ansitzend gefunden.

Verzeichniss der vom Verfasser bei St. Vaast gesammelten Evertebraten.

Fast alle diese Thiere sind in der Ebberegion gefunden, bei den wenigen, die der Verfasser aus dem Grunde des hohen Meeres von Fischern erhalten, ist dies besonders bemerkt.

Mollusken.

Octopus *vulgaris* Lam.

Murex *erinaceus* L.

Purpura *lapillus (L.)*

Fusus *propinquus Ald.? pull.*

Buccinum *undatum* L., im hohen Meer.

Nassa *reticulata (L.)*

Litorina *litorea (L.) p. 102.*

L. *litoralis (L.)*

L. *rudis* Don.

Rissoa *lactea* Mich.

R. *cingillus (Mont.)* Mich.

R. *costulata* Ald.

R. *labiosa (Mont.)* Brown

R. *proxima* Ald.

Natica *sordida* Phil., a. d. hohen Meer.

N. *monilifera* Lam. desgl.

Cypraea *(Trivia) europaea* Mont.

Trochus *magus* L., aus dem hohen Meer.

Tr. *cinerarius* L.

Tr. *zizyphinus* Lam., a. d. hohen Meer.

Fissurella *reticulata* Don.

Patella *vulgata* L.

Chiton *fascicularis* L. *p. 104.*

Ch. *cinereus* L., *marginatus* Penn.

Acera *bullata* O. Th. Müll.

Amphisphyra *hyalina* Turt.

Doris *tuberculata Cuv. p. 112.*

Aeolidia *spec.*

———

Anomia *ephippium* L.

Ostrea *edulis* L. *p. 95.*

Pecten *maximus* L., aus der hohen See.

P. *opercularis* L. desgl.

P. *varius* L., am Strande nur klein.

P. (Hinnites) *pusio* Penn.

Mytilus *edulis* L.

Modiola (Crenella) *marmorata* Forb.

M. *phaseolina* Phil.

Cardium *echinatum* L., a. d. hoh. Meer.

C. *norvegicum* Spengl., *laevigatum* Penn. meist aus dem hohen Meer.

C. *rusticum* L.

Lucina *leucoma* Turt., *lactea* Lam.

Montacuta *bidentata* Mont.

Venus (Tapes) *decussata* Lam.

V. (T.) *pullastra* Mont.

V. (T.) *virginea* L.

Mactra *stultorum* L., a. d. hohen Meer.

Solen *vagina L.*, blosse Schale.
Gastrochaena *modiolina Lam.*

Ascidia (Cynthia) *morus Forb.*
A. (C.) *microcosmus Cuv.*
A. (C.) *pomaria Sav.*
A. (C.) *rustica O. F. Müll.*
A. (Phallusia) *canina Müll. s. p. 104.*
A. (Ph.) *intestinalis Cuv.*
A. (Ph.) *mentula Müll.*
A. (Ph.) *scabra Müll.*
A. (Ph.) *venosa Müll.*
A. (Ph.) *virginea Müll.*
A. (Pelonaia) *corrugata Forb. Hanl. ?*
Aplidium *fallax Johnst.*
Amarucium *proliferum Edw.*
Didemnium *gelatinosum Edw.*
Leptoclinum *fulgens Edw.*
L. *gelatinosum Edw. ?*
Botryllus *smaragdus Edw. s. p. 111.*
B. *gemmeus Sav. ?*
Botrylloides *albicans Edw.*

Polyzoa.

Flustra *foliacea L.*, a. d. hohen Meer.
Fl. *avicularis Ell. Johnst.*
Lepralia *sp. juv. (Flustra linearis L.)*
Amathia *lendigera L., Serialaria lendigera Lam.*
Canda *reptans (L.) Busk.*
Tubulipora *phalangea Thomps.*
Sarcochiton *polyum Hass*

Arachnoidea (Pynogonoidea.)

Achelia *echinata Hodge, p. 17.*
Ammothea *longipes Hodge. ?*
Pallene *brevirostris Johnst.*

Crustacea.

Stenorhynchus *longirostris (Fabr.) Edw., tenuirostris Lch.*
Pisa *tetraodon (Penn.) Lch.*
P. *Gibsii Lch.*, aus dem hohen Meer.
Portunus *arcuatus Leach, Rondeletii Riss.*
Platycarcinus *pagurus (L.) Edw.*
Carcinus *maenas (Penn.) Lch.*
Pilumnus *hirtellus (L.) Lch.*
Porcellana *platycheles (Penn.) Lam.*
P. *longicornis (Penn.) Edw. = longimana Riss.*
Pagurus *Prideauxii Lch. (Cornoubichens.) p. 113.*
Nika *edulis Riss. pag. 102.*
Palaemon *squilla (L.)*
Virbius *varians Lch.*
Orchestia *mediterranea Cost.*
Lysianassa *atlantica Edw*
Iphimedia *obesa Rathm.*
Urothoë *marinus Sp. B. (? var. pectinatus Gr.)*
Gammarus *marinus Lch.*
Megamoera *Othonis Edw.*
M. *subserrulata Sp. B. ?*
Melita *palmata (Mont.) Lch.*
Idothea *tridentata Latr.*
Anthurus *gracilis Edw. = Paranthura Costana Sp. B.*
Ligia *oceanica (L.) p. 103.*
Sphaeroma *serratum Fabr.*
Sph. *granulatum Edw.*
Sph. *tridentulum Gr.*
Cymodoce *pilosa Edw. p. 105.*
Nesaea *bidentata Lch.* desgl.
Praniza *sp.*
Bopyrus *Palaemonis Risso, squillarum Latr.*

Antaria *latericia Gr. sp. n.*
Nereidicola *bipartita Gr. sp. n. (Parasit der Nereis cultrifera.)*
Balanus *balanoides Gr.*
B. *Amphitrites Darw.*

Vermes.

Aphrodite *aculeata L. vgl. p. 113.*

Polynoë *scolopendrina Sav. p. 108.*

P. (Lepidonotus) *squamata (L.)*

P. (Harmothöe) *cirrata Müll.*

P.(Nychia) *cirrosa(Pall.), assimilis Örsd.*

P. (Laenilla) *glabra Mgn.*

Pholoë *minuta (Fabr.), inornata Johnst.*

Sigalion *(Sthenelais) Idunae Rathke.*

Euphrosyne *mediterranea Gr.*

Eunice *Bellii Aud. ♂ Edw.*

E. (Morphysa) *sanguinea (Mont.) Aud. ♂ Edw. p. 107, 112.*

Lysidice *punctata Riss.*[1]

Lumbriconereis *Nardonis Gr.*[2]

Nereis *fucata Sav. = bilineata Johnst. vgl. p. 113.*[3]*, a. d. hohen Meer.*

N. *irrorata Mgn. geschlechtsreif* Heteronereis *Schmardae Qfg. ♂ ♀*[4]

N. *regia Qfg. p. 100, 106.*

N. *cultrifera Gr.*

N. *diversicolor. Müll.*

Nephthys *cocca (Fabr.) Örsd. = margaritacea Johnst. s. p. 100.*

Phyllodoce *laminosa Sav.*

Ph. (Eulalia) *viridis (Müll.) p. 108.*

Ph. (E.) *punctifera Gr. = Griffithsii Johnst.*

Psamathe *cirrata Kfst.*

Glycera *Rouxii Aud. ♂ Edw. p. 106.*

Gl. *capitata Örsd.*

Gl. *alba (Müll) Örsd.*

Syllis *armillaris Örsd.*

S. *tigrina Rathke.*

Grubea *adspersa Gr. nov. sp.*[5]

---

1) Die beiden Exemplare der *Lysidice Ninetta* Aud. & Edw. von *la Rochelle (d'Orb.)* im Pariser Museum sind von dieser Art, wenn sie in Weingeist gelegen hat, nicht zu unterscheiden, und die Färbung, die bei Audouin und Edwards braun mit Farbenspiel angegeben wird, beschreibt Keferstein ebenfalls, wie ich sie fast beständig beobachtet, braunröthlich mit weissen Punkten und das zweite borstentragende Segment weiss. *L. Mahagoni Clap.* bei ganz ähnlicher Färbung soll sich durch die ganzrandige Stirn unterscheiden, allein der mittlere Einschnitt derselben bei *L. punctata* ist zuweilen auch nur sehr unbedeutend, und wenn *L. Mahagoni* die Längsfurche mitten auf der Unterseite des Kopflappens hat, die jenen beiden nie fehlt, würde ich sie ebenfalls für identisch halten. Ebensowenig vermag ich *L. torquata Qfg.* des Pariser Museums von *L. Ninetta* desselben zu unterscheiden. Der Risso'sche Name würde dann als der ältere den Vorzug verdienen.

2) Das Originalexemplar der *Lumbrinereis Latreillii* Aud. & Edw. der Pariser Sammlung zeigte die Ruder so, wie ich sie beschrieben, und ist von *L. Nardonis* nicht zu unterscheiden.

3) Derselben Ueberzeugung ist Malmgren. Die Annelide, die im Pariser Museum als *N. bilineata* aufgestellt und unter diesem Namen von Quatrefages beschrieben ist, stimmt mit Johnstons Beschreibung nicht überein, sondern ist meine *N. cultrifera*, *N. margaritacea* der Abbildungen in Cuviers Règne animal.

4) Den näheren Nachweis habe ich in einem Vortrage in der Schlesischen Gesellschaft geliefert, vgl. Breslauer Zeitung d. 19. März 1868 Nr. 131.

5) Ob diese, gestreckt 10 mill. lange, *Syllidee* zur Gattung *Grubea Qfg.* gehört, welcher Claparède mehrere Arten seiner Gattung *Sphaerosyllis* unterordnet, ist, da der Rüssel nicht untersucht werden konnte, nicht mit völliger Sicherheit zu entscheiden, doch stimmt sie in allen äusseren Merkmalen mit dieser Gattung

Sylline *flava* Gr. *nov. sp.* [1]
Leucodore *ciliata Johnst.*
Nerine *foliosa* Sars. p. 106.
Aricia *Latreillii* Aud. ♂ *Edw.*
A. (Scoloplos) *armigera (Müll.) Örsd.*
Cirratulus *borealis* Lam. p. 99.
C. *Lamarckii* Aud. ♂ *Edw.* p. 99.
Cirrinereis *binoculata Kef.*
Sclerocheilus *minutus* Gr.
Arenicola *piscatorum Cuv.* p. 99.

Clymene *(Praxilla) lumbricoides Edw.*
p. 109.
Cl. *Örstedi Clap.*
Petaloproctus *(Clymene) spathulata Gr.*
terricola Qfg. [2] p. 109.
Capitella *rubicunda Kef.*
Siphonostonum *plumosum (Müll.)*
Rathke p. 107.
Chloraema *Dujardinii Qfg.* p. 106.
Lagis *Korenii Mgn.*

überein, wobei ich auch mit Claparède die Ansicht theile, dass die 3 Fühler dem Kopflappen selbst angehören und die äusseren nicht auf den mit einander verbundenen, nur vorn durch einen kurzen Einschnitt getrennten Stirnpolstern sitzen, die schmäler als jener sind. Die Kürze und den Mangel der Gliederung der zugespitzten Fühler und Rückencirren hat diese Art mit den andern der Gattung gemein, ebenso die Anwesenheit des Bauchcirrus, dagegen ist das eigenthümlich, dass auf dem Mundsegment zwischen den Fühlercirren ein queres, dreieckiges Läppchen vorkommt, das sich aufheben lässt, aufliegend aber leicht der Beobachtung entgeht. Die Fühler ragen über die Stirnpolster etwas hinaus, und gleich weit vor, die rothen Augen stehen in einem sehr breiten und niedrigen Rechteck und die Borsten etwa, zu je 8 versammelt, tragen überall einen gestreckten Sichelanhang. Der Rücken ist grau, und hat einen weissen Längsstreif der ziemlich auf jedem 2ten Segment durch 2 schwärzliche, nebeneinanderliegende, oft sich berührende rhombische Fleckchen mit weissem Mittelpunkt unterbrochen wird, weiter nach hinten treten sie in grösseren Zwischenräumen auf. Auf dem Ruder der betreffenden Segmente ein schwarzer Punkt, die Spitze der Fühler farblos ebenfalls mit einem schwarzen Pünktchen. Der Bauch ist schwärzlich und weisslich marmorirt. Aftercirren nicht bemerkbar, vielleicht war das Hinterende unvollständig. Das einzige Exemplar das ich fand, hatte gegen 50 Segmente.

1) Diese Art, die ich ebenfalls nach einem einzigen und zwar nicht vollständigen Exemplar von 8 Mill. Länge und 69 Segmenten beschreiben muss, zeichnet sich durch die citronengelbe Farbe und den seidenartigen Glanz aus. Die Stirnpolster sind kurz, fast kreisförmig, nicht zusammengewachsen und nehmen die ganze Breite der Stirn ein, die Fühler ragen merklich über dieselbe hinaus und ziemlich weit vor, die Fühlercirren sind an sich kaum länger als der unpaare Fühler und wie die Rückencirren und Fühler ohne Spur von Gliederung, die Rückencirren etwa doppelt so lang als die Borstenköcher oder etwas länger, aber nicht so zugespitzt wie bei *Grubea adspersa*, die Borsten zahlreicher, etwa zu je 12, alle mit Sichelanhängen, aber diese ausserordentlich kurz, die Augen roth und durch einen etwas kleineren Mittelraum als dort getrennt, das vordere vom hinteren ebenfalls nur um einen Durchmesser abstehend. Von Bauchcirren keine Andeutung.

2) Diese Art habe ich schon vor mehreren Jahren aber nach nicht zusammenhängenden Bruchstücken als *Clymene spathulata* beschrieben (Archiv für Naturgeschichte 1855 I. p. 114 Taf. IV. Fig. 12). Die genaueren Vergleichungen mit Pariser Original-Exemplaren von *Petaloproctus terricola* ergeben, dass 22 (nicht 24) Segmente Borsten tragen und stellen die Identität ausser Zweifel.

Terebella (Lanice) *conchilega (Pall.)*
  p. 106.
T. (Amphitrite)*Johnstonii Mgn.p. 107.*
T. (Phenacia) *setosa Qfg.* [1]) *p. 110.*
T. (Polymnia) *Danielsseni Mgn. p. 105.*
T. (Nicolea) *gelatinosa Kef. vgl. p. 105.*
Polycirrus *aurantiacus Gr. p. 108, 113.*
Sabellaria *anglica(Ell.)*a. Strande selten
Sabella *pavonia Sav., Tubularia penicillus Müll.*
S. (Potamilla) *reniformis Müll. = saxicola Gr.*
S. (P.) *vesiculosa (Mont.) Edw. p. 108.*
S. (Dasychone) *Argus Sars = Dalyelli Köll, polzonos Gr., verticillata Qfg. p. 110.*
Serpula *(s. str.) echinata Gm.*
S. (Pomatoceros) *tricuspis Phil.*
S. (Spirorbis) *nautiloides Lam.*

Phascolosoma *elongatum Kef. p. 106.*
Ph. *margaritaceum Sars.*

———

Valencinia *ornata Qfg.*
Lineus *longissimus Simmons, Nemertes Borlasii Cuv., Borlasia Angliae Qfg. p. 110.*
Omatoplea *gracilis Johnst.*
Meckelia *taenia Dalyell. p. 106.*
Nemertes *communis v. Ben. s. p. 105.*
Astemma *rufifrons Johnst. desyl.*
Serpentaria *fusca Johnst.?*
Tetrastemma *variicolor Örsd. p. 105.*
Proceros *sanguinolentus Qfg. p. 111.*
Polycelis *laevigata Qfg.*

———

Gordius *littoreus Müll.*
Anguillula *marina Örsd. = Vibrio marinus Müll.*

Echinodermata.

Synapta *inhaerens (Müll.)*
Cucumaria *Hyndmanni Forb.*
Echinus *(Sphaerechinus) miliaris Leske.* grössere Exemplare aus dem hohen Meer.
Asteracanthion *rubens (L.) Müll.*

Asteriscus *verruculatus Retz.*
Ophiura *texturata Retz.*
Amphiura *brachiata (Mont.)*
A. *squamata (d. Ch.), neglecta Forb.*
Ophiothrix *fragilis (Müll.) J. Müll. p. 106.*

Polypi.

Actinia *crassicornis (Müll.), Tealia crassicornis Gosse.*
Sagartia *bellis (Ell.) Gosse.*
S. *troglodytes Gosse.*

S. *ciliata (Müll.) Gosse.*
Anthea *cereus (Ell.) Johnst.*
Lobularia *digitata (L.) Lam.*
L. *massa Müll.*

———

1) An dem Originalexemplar des Pariser Museums liegt das vordere Kiemenpaar etwas versteckt, daher wohl Quatrefages Angabe von bloss 2 Paaren

Erklärung der Abbildungen.

Fig. 1. **Urothöe marinus** Sp. B., (? var. pectina Gr.) seitlich gesehen, 8 mal vergrössert.

1. a. Das 5te Fusspaar stärker vergrössert.

Fig. 2. **Nereidicola bipartita** Gr., von oben gesehen, 24 mal vergrössert.

2. a. Dasselbe Thier bei seitlicher Ansicht.

Fig. 3. **Antaria latericia** Gr., von unten gesehen, etwa 13 mal vergrössert.

3. a. Eine der längeren (vorderen) Antennen stärker vergrössert.

3. b. Eine der kürzeren (hinteren) Antennen desgl.

3. c. Ein Fusspaar desgl.

Fig. 4. **Ammothea longipes** Hodge? von der Rückseite, 24 mal vergrössert.

4. a. Dasselbe Thier von der Bauchseite.

4. b. Die Schere einer Mandibel stärker vergrössert.

4. c. Endglieder des 1ten Fusspaares, desgl.

Fig. 5. **Pallene brevirostris** Johnst., von der Rückenseite, 8 mal vergrössert.

5. a. Vordertheil von der Bauchseite desgl.

5. b. Endglieder der eiertragenden Palpe stärker vergrössert, um die an ihnen sitzenden Reihen von Blättchen zu zeigen.

5. c. Die grössere Endhälfte eines Beines stärker vergrössert.

Fig. 6. Das 1te, 2te und 3te Glied des 3ten Beines von **Achelia echinata** Hodge, stärker vergrössert, von unten gesehen.

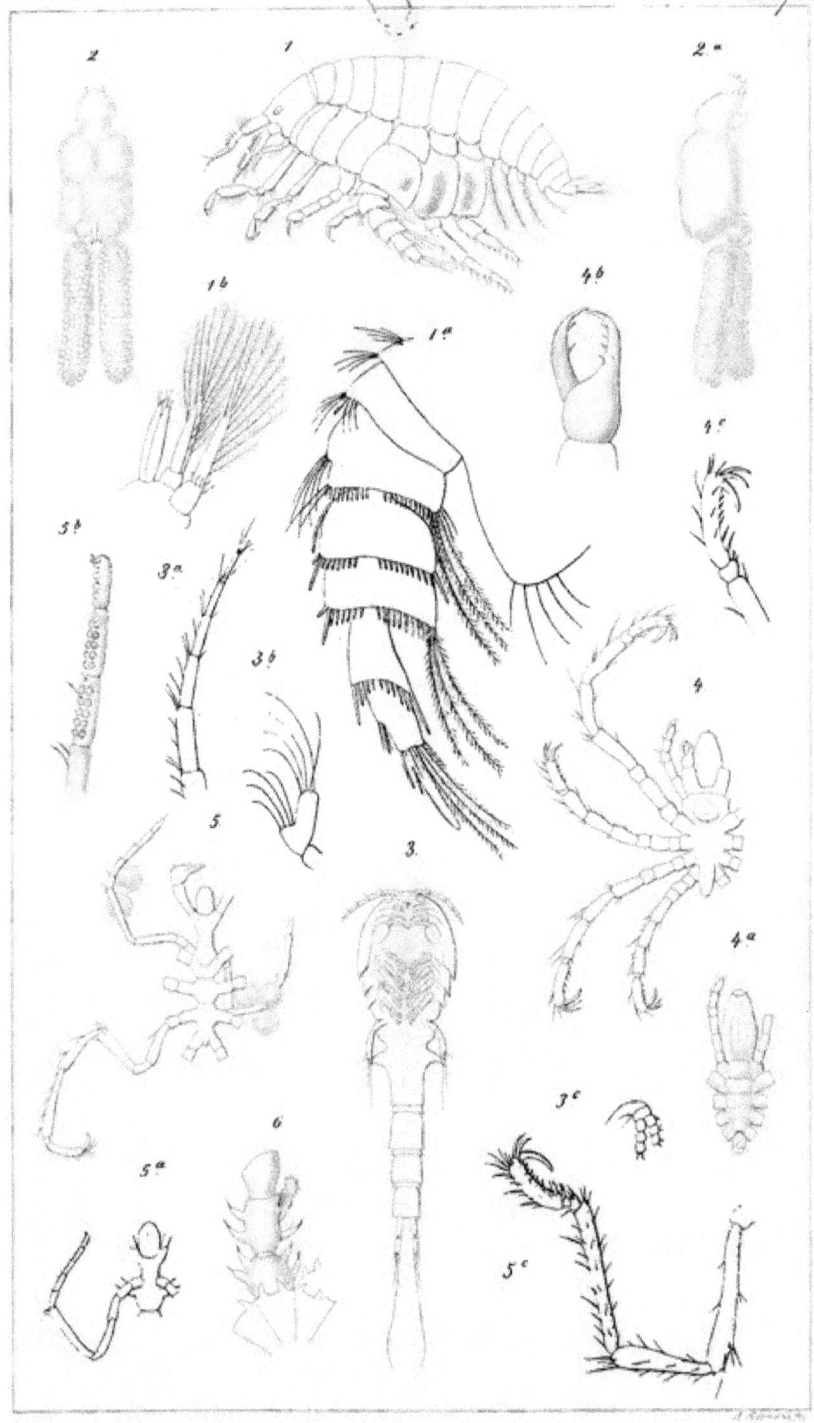

www.ingramcontent.com/pod-product-compliance
Lightning Source LLC
Chambersburg PA
CBHW022031190326
41519CB00010B/1663